U0158881

调度自动化设备应用丛书

变电站测控装置

河北电力调度控制中心　组编

王亚军　主编

中国电力出版社

CHINA ELECTRIC POWER PRESS

内 容 提 要

随着智能变电站建设的大力推进，变电站自动化新技术不断涌现，二次设备的信号输入输出模式、通信手段、信息化平台、系统集成度都发生了很大变化。

本书共分七章，分别对测控装置的发展历程、测控装置基本功能及原理、测控装置通信规约、常用测控装置、测控装置常见故障与处理、测控装置测试、测控装置验收进行了详细的讲述。

本书适合于从事电力调度自动化领域的科研人员、技术管理人员、规划设计人员、工程运维人员、检测人员阅读，也可以作为电力专业的大学生了解测控装置的基础读本。

图书在版编目（CIP）数据

变电站测控装置 / 河北电力调度控制中心组编；王亚军主编. —北京：中国电力出版社，2022.4（2023.3 重印）
（调度自动化设备应用丛书）
ISBN 978-7-5198-6648-8

Ⅰ. ①变… Ⅱ. ①河…②王… Ⅲ. ①变电所–安全控制技术 Ⅳ. ①TM63

中国版本图书馆 CIP 数据核字（2022）第 055406 号

出版发行：中国电力出版社
地　　址：北京市东城区北京站西街 19 号（邮政编码 100005）
网　　址：http://www.cepp.sgcc.com.cn
责任编辑：陈　倩（010-63412512）
责任校对：黄　蓓　马　宁
装帧设计：张俊霞
责任印制：石　雷

印　　刷：北京天泽润科贸有限公司
版　　次：2022 年 4 月第一版
印　　次：2023 年 3 月北京第二次印刷
开　　本：710 毫米×1000 毫米　16 开本
印　　张：11.25
字　　数：213 千字
定　　价：56.00 元

编 委 会

前　言

随着智能变电站建设的大力推进，变电站自动化新技术大量涌现，二次设备的信号输入输出模式、通信手段、信息化平台、系统集成度都发生了很大变化。测控装置作为变电站数据采集与控制的重要环节，在保障电网安全稳定运行方面发挥了重要作用。近年来，国家电网有限公司对测控装置的开发、设计、制造、试验和运行组织编制了一系列的技术标准依据，推动测控装置向标准化发展，设备研制成果显著。然而，各设备厂商生产的测控装置从原理到应用也都存有各自差异化的地方，测控装置配套的产品使用说明书内容普遍是以功能参数介绍为主，缺乏内容深度，不便于对测控装置的原理及应用进行系统性的学习。变电站自动化新技术的广泛应用，要求广大工程技术人员和运维人员尽快掌握测控装置的运维技能，迫切需要一部既能够讲述测控装置的基本原理，又能够提升现场运维水平的书籍。

本书详细讲述了电力系统的测控装置相关技术，包括发展历程、基本原理、通信规约和应用情况等，并结合工程现场，对测控装置的常见故障处理方法、检测和验收等进行了详细介绍。第一章介绍了测控装置的发展历程和应用现状；第二章介绍了测控装置的基本原理；第三章介绍了测控装置的通信规约；第四章介绍了"四统一"测控装置和几个主流厂家的非"四统一"测控装置；第五章介绍了测控装置的常见故障及处理方法；第六章介绍了测控装置的测试；第七章介绍了测控装置的现场验收要求。

本书由河北电力调度控制中心组织编写，在编写过程中得到国家电网有限公司华北分部、中国电力科学研究院、陆军工程大学石家庄校区、国电南京自动化股份有限公司、东方电子股份有限公司、南京南瑞继保电气有限公司、北京四方继保工程技术有限公司、许继电气股份有限公司、长园深瑞继保自动化有限公司、积成电子股份有限公司、国电南瑞科技股份有限公司、北京博电新力电气股份有限公司、中域高科（武汉）信息技术有限公司的大力支持，在此，对各单位的辛勤付出表示诚挚的感谢。

本书适合于从事电力调度自动化领域的科研人员、技术管理人员、规划设计人员、工程运维人员、检测人员阅读，也可以作为电力专业的大学生了解测控装置的基础读本。

由于编者水平有限，书中难免有疏漏或不足之处，欢迎各位专家和读者给予批评指正！

编　者

2021 年 12 月

目 录

第一章

概　　述

一、测控装置发展历程

变电站中的测控装置是电力系统中极其重要的环节，既要实时传送电流系统中的开关位置、操作回路的各种故障或告警信息等遥信量，也要实时传送变电站的电压、电流、功率等遥测量，同时要可靠执行监控系统和调度系统的遥控或遥调命令，控制隔离开关、断路器等一次设备。高精度、高可靠性测控装置是实现实时监控电力系统的重要基石，时刻守护电网运行。

电力系统测控装置的发展依托于电路技术、计算机技术、电力电子技术等一系列科学技术。从采集电路原理上看，交流系统采样主要是依托傅里叶变换、小波变换等信号采样理论。在实现技术上，电力系统测控的发展大体可以概括为三个阶段和两次飞跃：三个阶段为测量仪表式控制柜、集成电路电力变送器、微型计算机式测控发展阶段；第一次飞跃是由电力变送器及测量仪表到集成电路电力变送器，测控装置主要表现为集成化、小型化、无触点化；第二次飞跃是由集成电路到微机化，测控装置的提升体现在高度集成化、传输数字化，测控智能化。

（一）测量仪表式控制柜发展阶段

测量仪表式控制柜阶段严格意义上没有专用的测控装置。该阶段主要依赖模拟电路和数字电路技术，通过低噪声高抗干扰的积分电路、双馈电路等计算电压电流功率，通过开环控制或闭环控制等模数电路进行控制。在控制柜上以仪表的形式显示遥测量，通过指示灯的方式表示开关状态、通过操作把手或继电器等方式实现控制操作。监控操作屏柜如图1-1所示。

电力运行工人每隔一段时间记录电流、电压、功率、电能的数据，再形成台账，工作费时费力且容易出错。遥控则通过按钮或者把手驱动中间继电器，进而分合断路器或隔离开关，故障率高且容易发生安全事故。

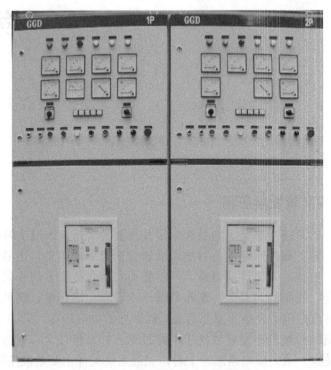

图 1-1　机电仪表式电力监控屏

（二）集成电路电力变送器发展阶段

集成电路电力变送器广泛使用单片机作为处理器单元（典型器件如 AT89S51 单片机），能通过 MODBUS 等规约进行简单的数据传输，通常以 RS485 线把每个集成电路测控获取的信息传送给中心控制站，由中心控制站进行数据的处理。集成电路式测控地提高了采样的精度，但一般不能提供友好的人机界面，通信能力也很有限。其通信以 RS232 或 RS485 为主，数据传输慢、通信距离短，大多数采用的是自定义的非标准协议。

（三）微型计算机式测控发展阶段

微机测控装置先后经历了远方数据采集终端（remote terminal unit，RTU）、分布式 CPU、集中式 CPU、数字化测控、"四统一"测控、国产化测控等六个阶段。

（1）随着半导体技术的飞速发展，RTU 的核心芯片——微处理器的功能日益强大，数据处理能力得到很大的提高，许多比较复杂的算法和通信协议得以实现，输出控制也不单纯依赖于中心控制站，通常提供本地的闭环控制和调节。RTU 集数据采集、逻辑控制功能于一体，既可独立用作小型测控终端的数据采集和自动控制设备，也可用作大型测控终端的扩展型控制器。RTU 装置以东方电子公司 1995 年推出的 DF1331 型 RTU 为代表（如图 1-2 所示），模块与模块之间采用高性能 FDK-BUS 网络通信，但随着分层分布式综合自动化系统和 ARM、FPGA 等性能更好的硬件发展，RTU 逐渐退出历史的舞台。

图 1-2　DF1331RTU 装置图

（2）分布式 CPU 的测控装置把处理单元分布各个开入、开出、交流采集模块中，装置内部各模块与管理主模块采用高速可靠的 CAN 总线通信，使得重要信息可迅速上传给管理主模块。分布式 CPU 的测控装置以国电南京自动化股份有限公司 PSR 651 系列测控为代表，可满足 0.2S 级采样精度，能支持 IEC 60870-5-103 通信规约，具有高度的可靠性，人机交互界面良好，具备相互闭锁的间隔"五防"功能。

（3）集中式综合测控装置采用集中式 CPU，基于 ARM 系列微处理器、Linux、VxWorks 等嵌入操作系统，数据处理能力更加强大。集中式综合测控在保证准确性、可靠性的前提下，优化了人机交互界面。

（4）数字化测控装置出现于电力系统数字化转型的浪潮中，数字化测控装置适用于数字化、智能化变电站，以国电南京自动化股份有限公司 PSR 662U 系列测控（如图 1-3 所示）为代表。

智能终端采集的开关量、由合并单元采集的测量量，分别以 GOOSE 和 SV 报文的形式，经过过程层交换机传输给测控装置；测控装置的遥控命令也以 GOOSE 报文的方式，经过过程层交换机传输给智能终端。过程层的使用大大减少了"四遥"信号（遥测、遥信、遥控、遥调）传输过程中的干扰，提高了信息传输的准确性，同时也节约了大量的电缆，具有很好的经济性。这种测控装置采用光纤传送信号，具有很高的信息化水平，但是各个厂家的测控装置不一样，设置方式多种多样，给运维人员带来很多困扰。

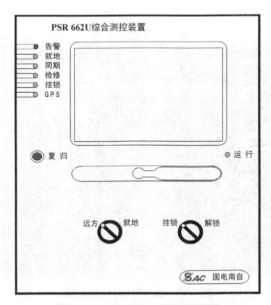

图1-3　PSR 662U 测控装置图

（5）"四统一"测控装置从接口、模型、通信、界面做到各家统一，用户操作规范便捷。国家电网提出"四统一"测控的概念：统一外观接口、统一信息模型、统一通信服务、统一监控图像，规范参数配置、规范应用功能、规范版本管理、规范质量控制。"四统一"测控装置的推广和应用提高变电站运行安全性、智能性、运维便捷性。

（6）新一代自主可控化测控装置在硬件上使用国产处理器、国产驱动器、国产电子元件；通信上支持国产通信标准 CMS。这种测控装置在今后的变电站中会大力推广，为电力系统提供更安全更可靠的支撑。随着电力控制系统新一代自主可控变电站的需求愈发强烈，研发并大规模应用新一代自主测控装置成为紧迫的任务。

二、测控装置应用现状

目前变电站按照二次电气信息传输的方式可分为常规变电站和智能变电站。

常规变电站通常指综合自动化变电站，每个间隔使用的测控装置多为集中式综合自动化测控装置。综合自动化测控装置接入二次电压电流、遥信开入、遥控出口均使用电缆接线的方式，再通过站控层网络将电气信号传送给监控和调度系统。

智能变电站增加了就地化的智能终端（把遥信遥控信息变换成报文）和合并单元（把采样信息变换成数字化报文），这些报文由光纤、过程层网络传送给集控小室。智能变电站主要使用数字化测控或"四统一"测控装置。220kV 以上电压等级的变电站，电压电流经过 TV/TA 等一次设备接入合并单元再转发，这样多了一次转换可能会影响采样精度，因此智能变电站中测控按照接线方式可细分为三种模式：模拟采样/硬触点跳合闸的传统模式、数字采样/数字跳闸的数采数跳模式、模拟采样和数字跳合闸相结合的模采数跳模式。

传统模式下，交流电经过互感器（TV）和电流互感器（TA）变换后通过二次电缆接入测控装置；开关机构的遥信和遥控的二次电缆接入测控装置端子，如图 1-4 所示。传统模式下，大量的信号电缆要从开关柜经过数百米长的电缆沟接进控制室，大量的信号及控制回路接线捆在一起，接线时容易出错而且容易产生感应电压。

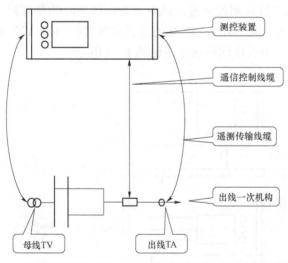

图 1-4 模拟采样硬触点跳合闸的传统模式下二次回路接线示意图

数采数跳模式下，交流电经电压互感器（TV）和电流互感器（TA）变换后通过二次电缆接入合并单元，遥信及遥控类电缆接入就地智能终端；合并单元发送把交流信息转化为 SV 报文，智能终端把开关量转化为 GOOSE 报文；测控装置通过过程层交换机接收 SV 采样报文和 GOOSE 报文，如图 1-5 所示。

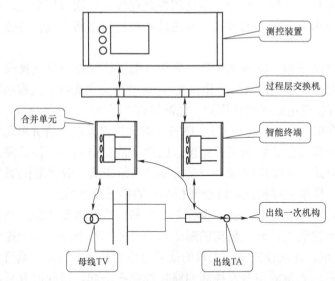

图1-5　数字采样数字跳闸的数采数跳模式下二次回路示意图

　　模采数跳模式下，交流电经电压互感器（TV）和电流互感器（TA）变换后通过二次电缆直接接入测控装置，减少了数据转换时的精度损失；遥信和遥控电缆接入就地智能终端再用 GOOSE 的方式组网发给测控装置，模拟采样数字跳闸的模采数跳模式下二次回路示意图如图1-6所示。

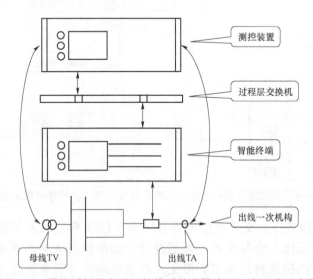

图1-6　模拟采样数字跳闸的模采数跳模式下二次回路示意图

三、测控装置发展方向

随着计算机技术、电力电子技术的快速发展，变电站采样精度要求越来越高，对电力系统测控装置也提出更高要求。新的变电站自动化高级需求也不断推出，如变电站母线功率平衡、后备测控、集群测控、PMU 一体化测控等概念的提出，使得电力系统测控装置朝着面向对象、集多种功能于一体的方向发展，已不单单是传统意义上的测控装置，而是一个信息收集和处理的中心。在电力系统设备国产化的浪潮下，使用国产通信标准 CMS、国产处理器、国产驱动器、国产电子元件的新一代自主可控化电力系统测控装置将会得到跨越式发展。电力系统测控装置主要的发展方向如下：

（1）新一代自主可控化测控装置。当前变电站使用 DL/T 860（IEC 61850）系列通信标准，是基于国际电工委员会（International Electrotechnical Commission，IEC）2004 年颁布的 IEC 61850 标准。IEC 61850 通信协议虽然通用性好，但是通用也就意味着谁都能用该规范控制变电站，有很大的安全隐患。为此，国家电网有限公司制定了《自主可控新一代变电站二次系统技术规范通用类系列规范》，该标准在未来的变电站中会大量推广应用。测控装置使用的芯片多数从国外采购，由于外部环境的变化这些芯片的安全性以及供应可持续性受到挑战。为此，各设备生产厂家在逐步使用国产化处理器、驱动器等电子元器件，力争做到安全可控。

（2）采样精度更高的测控装置。电流互感器（TA）的变比越来越大，测控的精度需要进一步提升，比如 5000/1 的互感器，按照国家计量标准 DL/T 866—2015《电流互感器和电压互感器选择及计算规程》中精度为千分之二，则一次电流变化小于 10A 时，电力系统测控装置不能反映一次电流变化。各厂家尽力提高测控精度，以国电南京自动化股份有限公司的电力系统测控装置为例，其准确测量电流的精度已经达到千分之一。

（3）适用于变电站功率平衡的弱同步问题的电力系统测控装置。从理论上说，同一母线同一时刻的功率的流入流出应该相等，功率之和应该为 0。目前国家电网有限公司高度重视母线功率平衡的问题，要求的考核标准为母线平衡误差要小于 10MW。而一些较大规模变电站内一条 220kV 母线上的间隔众多，一般会不少于 20 个间隔，对应有 20 多个间隔测控，各出线的测控难以保证在同一时刻上送各自的功率数据，功率数据上送处于弱同步状态，导致功率和地误差较大。功率和的误差较大问题需要在考核标准、测控断面的同步性等方面进一步探讨。

（4）具备后备冗余功能的测控装置。测控装置往往是单套配置，当某个间隔的测控装置出现故障时，该间隔无法遥控，需要探讨测控装置的冗余、后备方案。国网浙江省电力公司提出的变电站冗余测控装置概念、国网江苏省电力公司提出的集群测控装置的概念，对后备测控装置进行积极探索。以国网浙江省电力公司提出的冗余测控装置方案为例，冗余测控装置的作用是当某个间隔站控层和过程层 GOOSE 网络都无 GOOSE 报文发送时，在冗余测控装置中投入相应虚拟间隔，替代原有实体间隔的测控（注意：某个间隔的测控装置正常运行时，冗余测控装置中不能投入该间隔）。配置冗余测控装置后，后台无需修改重新导入测控装置模型（监控后台、远动需要支持 GMS 和 MMS 通信协议切换）。模拟实体测控间隔的测控故障（站控层和过程层都报文发送），冗余测控将投入对应的虚拟测控间隔。当某个间隔的测控装置故障，冗余测控装置把过程层的信息传给监控系统，在监控系统看来，该间隔的间隔遥测、遥信数据一切正常。这只是一种基于数字化变电站的思路，对模拟采样、硬节点跳合闸的变电站，该如何进行测控装置后备还需要行业内各个单位思考。

（5）数据采集记录集成化的测控装置。变电站存在多种测量设备如用于构建电力系统实时动态监测系统的同步相量测量装置（phasor measurement unit，PMU），电能计量、电能质量监测、故障录波等系统。多套系统浪费了宝贵的资源，影响互感器的精度、提高管理管控的难度。当测控装置精度、可靠性能满足要求的情况下，把 PMU、计量、电能质量等系统集成到每个间隔的测控装置中是发展的趋势，需要电网企业和设备厂家共同探讨。

第二章

测控装置基本功能及原理

第一节 测控装置基本功能

一、交流电气量采集

在微型计算机式测控应用初期，RTU 的遥测数据采集普遍采用直流采样，即对经过直流整流后的直流量进行采样测量。在直流采样中，遥测数据的采集采用经变送器的直流采样方法来完成数据采集工作，即将所需的有关信息，如交流电压、交流电流、有功功率、无功功率等，通过变送器模拟电路变化成相应的直流量供微机检测。

直流采样方法设计简单、计算方便，在微机监控系统初期得到广泛应用。但该方法存在整流电路参数调整复杂、受波形因素影响；变送器存在较大延时，难以反映被测量的快速突变，维护及管理不便等问题。

交流采样方式是将二次测得的电压、电流经高精度的 TA、TV 变成计算机可测量的交流小信号，按一定规律对被测信号的瞬时值进行采样，然后通过微机运算方式，求出被测电压、电流的有效值以及有功功率、无功功率等。交流采样方式能够对被测量的瞬时值进行采样，实时性好，相位失真小，在目前的微机保护、测控类装置中得到广泛应用。

典型的交流硬件设计回路如图 2-1 所示。外部输入的二次侧电压、电流经高精度的 TV、TA 转换成交流小信号，再经电阻-电容电路（resistor-capacitance circuit，RC）滤波回路对高频信号进行滤波，随后采用模/数转换器（analog-to-digital converter，ADC）对滤波后的信号进行采样，最后通过 CPU 或现场可编程逻辑门阵列（field programmable gate array，FPGA）完成模/数 AD 信号的处理及计算，得出交流电气量计算结果。

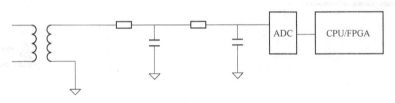

图 2-1　典型的交流硬件设计回路

二、状态量采集

测控装置除了有模拟量输入外，还有大量的开关量输入和输出。所谓开关量，就是触点状态（接通或断开）或是逻辑电平的高低等。

开关量输入大多数是触点状态的输入，可以分成两类：

（1）安装在装置面板上的触点，例如调试装置或检查装置用的键盘触点，复归按钮及其他按钮等。这类触点与外界电路无联系，可直接接至微机装置的串口或并口，也可以直接与 CPU 相连。

（2）测控装置还需要引入其他开关量的触点，例如检修开入、解锁开入、断路器位置、隔离开关位置等。这类触点或从屏柜上或经电缆引入，不能直接接入，通常采用光耦隔离器件对信号进行隔离，以防触点输入回路引入的信号干扰微机装置正常工作。

外部触点接入电路工作原理如图 2-2 所示，图 2-2 中虚线为光耦器件。当外部触点 S 导通时，电流流经发光二极管，使光敏三极管受激发而导通，三极管集电极电位呈低电平；外部触点 S 断开时，光敏三极管截止，集电极输出高电平。因此三极管集电极的电位代表了外部触点的通断情况，这种电路可以确保在可能带有电磁干扰的外部接线回路和微机电路之间，只有光的耦合而无电的联系，因此可以大大削弱干扰的影响。

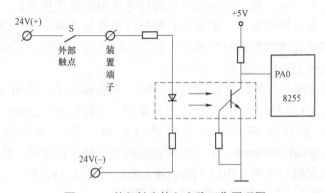

图 2-2　外部触点接入电路工作原理图

三、控制功能

测控装置的控制对象包括断路器、隔离开关、接地开关的分合闸，复归信号，变压器挡位调节、装置自身软压板等。对于控制信号，可以为 GOOSE 报文输出或者硬触点开出方式。

（1）软压板：软压板是相对于硬压板而言的，是指软件系统的某个功能投入/退出，比如投入和退出某个功能。传统装置使用硬连片故而称为硬压板，而软压板是在此基础上利用软件逻辑强化对功能投入/退出和出口信号的控制。

对于 GOOSE 出口、TV 断线告警、TA 断线告警、零序越限告警等软压板，除了可通过装置液晶进行投入/退出外，还可通过监控后台或网关机对软压板进行遥控投入/退出。

（2）分合闸：断路器、隔离开关的分合闸控制开出有手动控制和自动控制两种方式。手动控制包括远方控制中心控制、站内主控室控制、就地手动控制，控制级别由高到低顺序为：就地、站内主控、远方控制中心，三种控制级别间相互闭锁，同一时刻只允许一级控制；自动控制一般指继电保护与自动装置实现的自动合闸、分闸。

断路器外围执行及机构控制原理如图 2-3 所示。对于遥控合闸，其原理为：无人值守变电站的断路器机构箱中的"就地/远方"切换开关切至"远方"位置，此时"远方"触点导通，ZJ2 动断触点闭合。同时，测控屏柜的"就地/远方"亦切换到"远方"位置，QK 切换把手的触点②④导通，触点①③不通。远方控制中心或站控层工作站下达遥控操作"执行"指令后，"YH"触点闭合，DC 220V 操作控制电源从+KM 经就地/远方切换开关的触点②④到触点"YH"，经电气防跳跃闭锁的 TBJ2 动断触点到断路器机构箱，再经"远方/就地"切换开关的"远方"触点、ZJ2 和 DL 动断辅助触点、合闸线圈 HQ 到-KM，合闸线圈 HQ 带电，执行断路器机构合闸，完成遥控合闸操作。

与遥控合闸类似，遥控分闸的流程为：无人值守变电站的断路器机构箱中的"就地/远方"切换开关切至"远方"位置，此时"远方"触点导通。同时，测控屏柜的"就地/远方"亦切换到"远方"位置，QK 切换把手的触点②④导通，触点①③不通。远方控制中心或站控层工作站下达遥控操作"执行"指令后，"YT"触点闭合，DC 220V 操作控制电源从+KM 经就地/远方切换开关的触点②④到触点"YT"，经电流型电气防跳跃闭锁的 TBJ-I 继电器到断路器机构箱，再经"远方/就地"切换开关的"远方"触点和 DL 动合辅助触点、分闸线圈 TQ 到-KM，分闸线圈 TQ 带电，执行断路器机构分闸，完成遥控分闸操作。

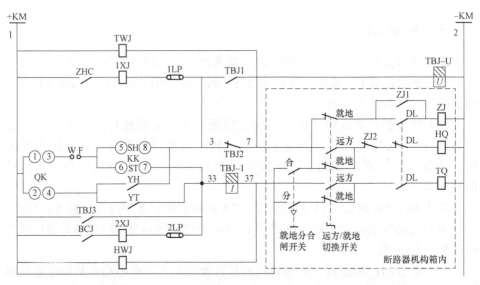

图 2-3　断路器外围执行及机构控制原理图

+KM—操作电源正；-KM—操作电源负；ZHC—重合闸接触器；XJ—信号继电器；LP—硬压板；

WF—"五防"触点；QK—切换把手；SH—就地手控合闸触点；ST—就地手控分闸触点；KK—分合把手；

YH—遥控合闸触点；YT—遥控分闸触点；TWJ—跳闸位置继电器；HWJ—合闸位置继电器；

TBJ—防跳闭锁继电器；TBJ-I—电流型防跳闭锁继电器；TBJ-U—电压型防跳闭锁继电器；

BCJ—保护出口继电器；ZJ—继电器；DL—断路器辅助触点；HQ—合闸线圈；TQ—分闸线圈

（3）挡位：挡位控制主要指主变压器升、降、急停等挡位的调节控制，调节方式采用选择、返校、执行方式。同时还具备急停功能，避免滑挡情况下有载分接开关的电动机构不断地把母线电压往上抬或往下降，从而引发电压异常甚至"雪崩"。

四、同期功能

断路器的同期合闸操作是变电站自动化系统的重要功能，一般是指两个电源之间的并网，也包括在一个环网开环点的再合环操作。

对于"四统一"装置的检同期合闸功能，需满足以下要求：

（1）具备电压差、相角差、频率差和滑差闭锁功能，阈值可设定。

（2）具备相位、幅值补偿功能。

（3）具备电压、频率越限闭锁功能，电压频率宜为 46～54Hz，电压上限宜为额定值 U_n 的 1.2 倍。

（4）具备有电压、无电压判断功能，有电压、无电压阈值可设定。

（5）具备检同期、检无电压、强制合闸方式，收到对应的合闸命令后不能自动转换合闸方式。

（6）具备 TV 断线检测及告警功能，TV 断线判断逻辑应为：电流任一相大于 0.5%I_n，同时电压任一相小于 30%U_n 且正序电压小于 70%U_n；或者负序电压或零序电压（3U_0）大于 10%U_n；可通过定值投入/退出 TV 断线闭锁检同期合闸和检无电压功能；TV 断线告警与复归时间统一为 10s，TV 断线闭锁同期产生的同期失败告警展宽 2s。

（7）具备手动合闸同期判别功能，设置手动同期合 GOOSE 开入和独立的手合同期的输出触点。

（8）手合同期应判断两侧均有电压，且同期条件满足，不允许采用手合检无电压控制方式。

（9）采用 GOOSE 方式的手合同期不应判断装置是否就地状态。

（10）基于 DL/T 860 系列标准的同期模型应按照检同期、检无电压、强制合闸应分别建立不同实例的开关控制器（CSWI），不采用 CSWI 中 Check（检测参数）的 Sync（同期标志）位区分同期合与强制合，同期合闸方式的切换通过关联不同实例的 CSWI 实现，不采用软压板方式进行切换。

（11）采用 DL/T 860.92—2016《电力自动化通信网络和系统　第 9－2 部分：特定通信服务映射》行业标准的采样值输入时，合并单元采样值置无效位时应闭锁同期功能，应判断本间隔电压及抽取侧电压的品质是否无效，在 TV 断线闭锁同期投入情况下还应判断电流的品质是否无效；合并单元采样值置检修品质而测控装置未置检修时应闭锁同期功能，应判断本间隔电压及抽取侧电压检修状态，在 TV 断线闭锁同期投入的情况下还应判断电流检修状态。

（12）采用模拟量采样采集交流电气量时，母线电压切换应由外部切换箱实现，装置不进行电压切换。采用 DL/T 860.92—2016《电力自动化通信网络和系统　第 9－2 部分：特定通信服务映射》行业标准的采样值输入时，电压切换由合并单元实现。

（13）同期信息菜单中的电压频率名称应可配置。

五、防误逻辑闭锁功能

"五防"是指防止误入带电间隔、防止误拉（合）断路器、防止带负荷拉（合）隔离开关、防止带电合接地开关（挂接地线）、防止带接地开关（接地线）送电。智能变电站的"五防"系统由站控层五防、间隔层五防（这里的间隔五防，指的是测控装置五防），还有机械五防锁具（过程层"五防"）组成。

间隔层"五防"的逻辑存储在测控装置中，测控装置通过硬开入或 GOOSE 信号获得一次设备的位置状态信息，并做出逻辑判断，得到每个操作回路的分合结果，并将闭锁逻辑的判断结果传送给测控装置（或智能终端）和监控系统主机。间隔层"五防"不仅能控制监控系统主机遥控命令的发送，实现设备远方操作闭锁，而且能够开合操作设备的电气控制回路，实现就地闭锁，并且只需要一个触点，便能实现复杂的逻辑。

　　跨间隔的"五防"逻辑实现，只需测控装置在间隔层中采集其他相关间隔数据即可，无需将过多的辅助节点引入防误主设备的控制回路。智能变电站间隔"五防"示意图如图2-4所示。

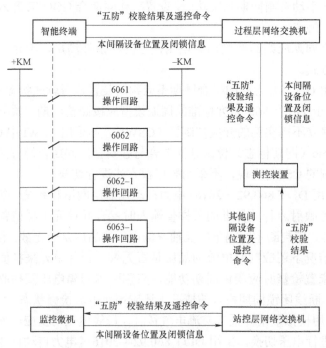

图2-4　智能变电站间隔"五防"示意图

六、其他功能

（1）对时功能。

1）装置支持接收 IRIG-B 时间同步信号。

2）具备同步对时状态指示标识，且具有对时信号可用性识别的能力。

3）支持基于网络时间协议（network time protocol，NTP）实现自身时间同步管理功能。

4）支持基于 GOOSE 协议实现过程层设备时间同步管理功能。

5）支持时间同步管理状态自检信息主动上送功能。

（2）运行状态监视及管理。测控装置具备以下运行状态监测及管理功能：

1）具备自检功能，自检信息包括装置异常信号、装置电源故障信息、通信异常等，自检信息能够浏览和上传。

2）具备提供设备基本信息功能，包括装置的软件版本号、校验码等。

3）具备间隔主接线图显示和控制功能，装置上电后显示主接线图，告警记录应主动弹出，确认后返回主接线图。

4）支持装置遥测参数、同期参数的远方配置。

5）能够实时监视装置内部温度、内部电源电压、光口功率等，并通过建模上送监测数据。

6）具备参数配置文件、模型配置文件导出备份功能，支持装置同型号插件的直接升级与更换。

第二节　交流信号分析与计算

一、正弦交流电基本概念

正弦交流电流、电压指大小与方向均随时间按正弦规律做周期性变化的电流、电压。通常所说的交流电，若无特殊说明都是指正弦交流电。

以电压为例，典型波形如图 2–5 所示，其数学表达式为：

$$u = U_m \cos(\omega t + \phi) \tag{2-1}$$

式中：u 为电压瞬时值；U_m 为最大值；ω 为角频率。

最大值、角频率、初相角是正弦交流电的三要素。

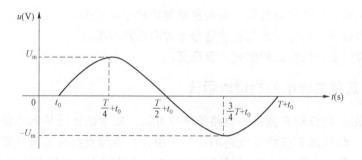

图 2–5　正弦交流电压波形

（1）交流电的周期、频率和角频率。交流电变化一周所需要的时间称为周期，用 T 表示，单位为秒（s）。交流电在一秒内重复变化的次数称为频率，用 f 表示，单位是赫兹（Hz），简称赫。

周期和频率互为倒数关系，即 $f = 1/T$。

交流电每变化一周，角度变化了 2π 弧度，即 $\omega T = 2\pi$。由此得出，角频率、周期及频率的关系为：

$$\omega = \frac{2\pi}{T} = 2\pi f \qquad (2-2)$$

式中：ω 为角频率，rad/s。

我国电力工作的标准频率为 50Hz，周期为 0.02s。

（2）交流电的瞬时值、最大值、有效值。交流电的瞬时值是随时间变化的，用小写字母表示，如 u、i；最大值又称为幅值，虽然是一个不随时间变化的定值，但实际上是一个最大的瞬时值；最大值用带下标 m 的大写字母表示，如 U_m、I_m；瞬时值及幅值的大小难以用电工仪表测量，因此引入一个衡量交流电大小的量值，即交流电的有效值。

有效值又称"均方根值"，一种用以计量交流电大小的值。如果交流电通过某电阻，在一周期内所产生的热量与直流电通过该电阻在同样时间内产生的热量相等，那么此直流电的量值则是该交流电的有效值。

（3）交流电的相位、初相位、相角差。$\omega t + \varphi$ 反映交流电随时间变化的角度特性，又称为相位角，简称相位。定义 $t = 0$ 时刻的相位 φ 为初相位。交流电的大小和方向是随时间变化的，计时起点不同，初相位亦不同。

任何两个频率相同的正弦量之间的相位关系可以通过它们的相位差来反映，其相位差等于它们的初相角之差。

需要特别注意的是：

1）初相与计时起点有关，而相位差与计时起点无关。

2）初相位于相位差都与正弦量参考方向选择有关。

3）同频率正弦量的相位差才有意义。

二、正弦交流电的相量表示法

相量法，是分析正弦稳态电路的便捷方法。相量法使用称为相量的复数代表正弦量，将描述正弦稳态电路的微分（积分）方程变换成复数代数方程，从而简化了电路的分析和计算。相量法自 1893 年由德国人 C.P.施泰因梅茨提出后，得到广泛应用。相量可在复平面上用一个矢量来表示，在任何时刻在虚轴上的投影即为正弦量在该时刻的瞬时值。引入相量后，两个同频率正弦量的加、减运算可以转化为两个相应相量的加、减运算。相量的加、减运算既可通过复数运算进行，也可在相量图上按矢量加、减法则进行。正弦量与它的相量是一一对应的，因此求出了相量就不难写出原来需要求的正弦量。

复平面的相量可以采用复数表示，如图 2-6 所示。相量 $U_m \angle \psi$ 在实轴上的投影称为复数的实部，在虚轴上的投影称为复数的虚部，长度称为复数的模，与实轴之间的夹角称为复数的幅角。

相量用复数表示的四种形式，如式（2-3）所示，从左到右依次表示复数的代数式、三角式、指数式和极坐标式：

$$\dot{U} = a + \mathrm{j}b = U_m(\cos\psi + \mathrm{j}\sin\psi) = U_m \mathrm{e}^{\mathrm{j}\psi} = U_m \angle \psi \qquad (2-3)$$

式中：$\dot{U}$ 为复数；a 为复数实部；b 为复数虚部；U_m 为复数的模；ψ 为复数的角度。

复数在加减运算时宜采用代数式，实部与实部相加减，虚部与虚部相加减；在乘除运算时宜采用指数式和极坐标式，模与模乘除，幅角与幅角相加减。

三、对称分量法基本概念

电力系统正常运行时可认为是三相对称的，即各元件三相阻抗相同，三相电压、电流大小相等，相与相间的相位差也相等，且具有正弦波形和正常相序。对称的三相交流系统，可以用单相电路来计算。只要计算出一相的量值，其他两相就可以推算出来，因为其他两相的模值与所计算相的模值相等，相位相差±120°。三相对称短路或断线时，交流分量三相是对称的。因此，可以利用系

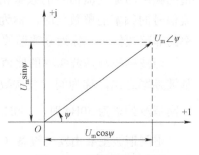

图 2-6　复数表示示意图

统固有的对称性，只需分析其中一相的值，避免逐相进行计算的复杂性。

但是，电力系统发生单相接地短路、两相短路和两相接地短路，以及单相断线和两相断线等不对称故障时，三相阻抗不相同，三相电压、电流大小不相等，相与相间的相位差也不相等。对这样的三相系统不能只分析其中一相，通常采用对称分量法进行分析。

任何不对称的三相相量 **A**、**B**、**C** 可以分解为三组相序不同的对称分量：正序分量 A_1、B_1、C_1；负序分量 A_2、B_2、C_2；零序分量 A_0、B_0、C_0。即存在如下关系：

$$\begin{cases} F_0 = F_{A(0)} = F_{B(0)} = F_{C(0)} \\ F_1 = F_{A(1)} = aF_{B(1)} = a^2 F_{C(1)} \\ F_2 = F_{A(2)} = a^2 F_{B(2)} = aF_{C(2)} \end{cases} \qquad (2-4)$$

式中：F_0、F_1、F_2 为零序、正序、负序；$F_{A(0)}$、$F_{B(0)}$、$F_{C(0)}$ 为对称分量中

的零序分量；$F_{A(1)}$、$F_{B(1)}$、$F_{C(1)}$ 为对称分量中的正序分量；$F_{A(2)}$、$F_{B(2)}$、$F_{C(2)}$ 为对称分量中的负序分量；$a = e^{\frac{2}{3}\pi i}$，定义是单位相量"i"依逆时针方向旋转 120°。

由此推导，在三相相量已知情况下，其相序分量计算公式如下：

$$\begin{bmatrix} F_1 \\ F_2 \\ F_0 \end{bmatrix} = \frac{1}{3} \begin{bmatrix} 1 & a & a^2 \\ 1 & a^2 & a \\ 1 & 1 & 1 \end{bmatrix} \begin{bmatrix} F_a \\ F_b \\ F_c \end{bmatrix} \tag{2-5}$$

四、基波、谐波、间谐波基本概念

交流非正弦信号可以分解为不同频率的正弦分量的线性组合。当正弦波分量的频率与原交流信号的频率相同时，称为基波；当正弦波分量的频率是原交流信号的频率的整数倍时，称为谐波；当正弦波分量的频率是原交流信号的频率的非整数倍时，称为分数谐波，也称分数次谐波或间谐波。

谐波频率与基波频率的比值（$n = f_n / f_1$）称为谐波次数；间谐波的频率与基波频率之比，称为间谐波次数，需要注意的是间隙波次数不是整数。例如，电网基波频率为 50Hz 时，150Hz 分量为 3 次谐波，125Hz 分量为 $2\frac{1}{2}$ 次间谐波。

电网谐波主要由发电设备（电源端）、输配电设备以及电力系统非线性负载等三个方面引起的。

（1）电源端。发电机的三相绕组在制作上很难做到绝对对称，由于制作工艺影响，其铁心也很难做到绝对的均匀一致，加上发电机的稳定性等其他一些原因，会产生一些谐波，但一般来说相对较少。

（2）输配电过程产生的谐波。电力变压器是输配电过程中主要的谐波来源，由于变压器的设计需要考虑经济性，其铁心的磁化曲线处于非线性的饱和状态，使得工作时的磁化电流为尖顶型的波形，因而产生奇次谐波。

（3）电力设备产生的谐波。整流晶闸管设备（开关电源、机电控制、充电装置等）、变频设备（电动机、电梯、水泵、风机等）、气体放电类电光源（高压钠灯、高压汞灯、荧光灯以及金属卤化物灯等）、家用电器设备（空调器、冰箱、洗衣机、电风扇等）等产生的谐波。

间谐波往往由较大的电压波动或冲击性非线性负荷所引起，所有非线性的波动负荷，如电弧焊、电焊机、各种变频调速装置、同步串级调速装置及感应电动机等均为间谐波波源，电力载波信号也是一种间谐波。

第三节　测控装置算法原理

一、基波及谐波算法

傅里叶分析原理证明，任何重复的波形都可以分解为含有基波频率和一系列为基波倍数的谐波的正弦波分量，其中周期最长的正弦波分量称为基波，大于基波频率的分量称为谐波，谐波频率与基波频率的比值称为谐波次数。

电力系统中呈现周期性变化的电压或电流的频率即为基波，我国电网频率为 50Hz，所以基波是 50Hz，在电力系统中除了基波外，任一频率高于基波的周期性的电压或电流信号，称为谐波。根据电压和电流，又可分为电压谐波和电流谐波。根据谐波次数可以分为偶次谐波和奇次谐波，偶次谐波为 2、4、6 次等，对应频率为 100、200、300Hz 等；奇次谐波为 3、5、7 次等，对应频率为150、250、350Hz 等。

在 Q/GDW 10427—2017《变电站测控装置技术规范》中要求，测控装置需能够计算最大到 13 次谐波，各个厂家一般采用"半周或全周傅里叶算法"。

二、有效值算法

测控装置采集和上送的电压、电流值为真有效值，是将基波和各次谐波值采用均方根算法求得，电压与电流的算法采用有效值均方根算法，具体计算公式如下：

$$U = \sqrt{\frac{1}{N}\sum_{k=0}^{N-1}u^2(k)}\,;\quad I = \sqrt{\frac{1}{N}\sum_{k=0}^{N-1}i^2(k)} \tag{2-6}$$

式中：U 为电压有效值；I 为电流有效值；当计算相电压时，$u(k)$ 为对应的相电压的采样值；当计算线电压时，$u(k)$ 为计算出来的相应的线电压的采样值；$i(k)$ 为相电流的采样值；N 为计算均方根所采用的采样值点个数；k 为采样值序号，取值为 $0 \sim N-1$。

三、有功功率及无功功率算法

有功功率和无功功率计算方法一般有两种，分别为频域算法和时域算法，下面分别介绍。

（1）频域算法。根据频域算法，总的有功功率等于三相单项有功的算术和，单相有功功率计算采用该通道各次谐波产生的有功功率的累加和的算法，即：

单相有功功率：
$$P = \sum_{1}^{n}(U_i I_i \cos\theta_i) \tag{2-7}$$

总有功功率： $$P_\Sigma = P_A + P_B + P_C \qquad (2-8)$$

式中：P 为单相有功功率，i 为谐波次数，取值为 $1\sim n$，U_i、I_i、θ_i 分别为 i 次谐波对应的电压值、电流值和功率因数角；P_Σ 为三相有功功率之和，P_A、P_B、P_C 分别为 A、B、C 相的单项有功功率。

总的无功功率等于三相单项无功功率的算术和，单相无功功率计算采用该通道各次谐波产生的无功功率的累加和的算法，即：

单相无功功率： $$Q = \sum_1^n (U_i I_i \sin\theta_i) \qquad (2-9)$$

总无功功率： $$Q_\Sigma = Q_A + Q_B + Q_C \qquad (2-10)$$

式中：Q 为单相无功功率；i 为谐波次数，取值为 $1\sim n$；U_i、I_i、θ_i 分别为 i 次谐波对应的电压值、电流值和功率因数角；Q_Σ 为三相有功功率之和；Q_A、Q_B、Q_C 分别为 A、B、C 相的单项有功功率。

（2）时域算法。根据时域算法，总的有功功率等于三相单项有功功率的算术和，单相有功功率采用电压电流的瞬时值乘积积分算法，即：

$$P = \frac{1}{N}\sum_{k=0}^{N-1} u(k)i(k) \qquad (2-11)$$

$$P_\Sigma = P_A + P_B + P_C \qquad (2-12)$$

式中：P 为单相有功功率；$u(k)$ 为相电压的采样值；$i(k)$ 为相电流的采样值；N 为计算功率所采用的采样值点个数；k 为采样值序号，取值为 $0\sim N-1$。P_Σ 为三相有功功率之和；P_A、P_B、P_C 分别为 A、B、C 相的单项有功功率。

单相无功功率计算方法有两种。

1）移相法，采用电压、电流的瞬时值乘积积分算法，即：

$$Q = \frac{1}{N}\sum_{k=0}^{N-1} i(k)u\left(k - \frac{M}{4}\right) \qquad (2-13)$$

式中：Q 为单相无功功率，$i(k)$ 为相电流的采样值；$u\left(k - \dfrac{M}{4}\right)$ 为相电压的采样值；N 为计算功率所采用的采样值点个数；M 为装置一个周波的采样点个数；k 为采样值序号，取值为 $0\sim N-1$。

2）通过视在功率和有功功率计算求得，无功功率的正负（方向）通过电压和电流的相位确定，即：

$$Q = \pm\sqrt{S^2 - P^2} \qquad (2-14)$$

式中：Q 为无功功率；S 为视在功率；P 为有功功率。

总的无功功率等于三相无功功率的算术和：

$$Q_\Sigma = Q_A + Q_B + Q_C \qquad (2-15)$$

式中：Q_Σ 为三相有功功率之和；Q_A、Q_B、Q_C 分别为 A、B、C 相的单项有功功率。

四、功率因数算法

功率因数的计算法分为两种：

（1）功率因数的计算采用总的有功功率和总的无功功率进行计算：

$$\cos\varphi = \frac{P}{\sqrt{P^2 + Q^2}} \qquad (2-16)$$

式中：$\cos\varphi$ 为功率因数；Q 为无功功率；P 为有功功率。

（2）功率因数的计算采用有功功率与视在功率比值算法进行计算。即：

$$\cos\varphi = \frac{P}{S} = \frac{P}{UI} \qquad (2-17)$$

式中：$\cos\varphi$ 为功率因数；P 为有功功率；S 为视在功率。

五、直流算法

测控装置直流插件一般用于采集变压器的绕组温度和油面温度等信号。按照输入信号的不同，直流插件一般分为如下几种型号：

电阻型插件：直接接入外部铂电阻，通过测量铂电阻阻值，得到温度值，这种方式主要用在早期测控设备，目前已经很少使用。

4～20mA 型插件：接入 4～20mA 直流量，通过内部电阻和滤波回路，转换为电压量，通过内部 A/D 转换器计算电流值。

0～5V 型插件：接入 0～5V 直流量，通过内部 A/D 转换器计算电压值。

测控装置直流插件输入采集原理框图如图 2-7 所示。

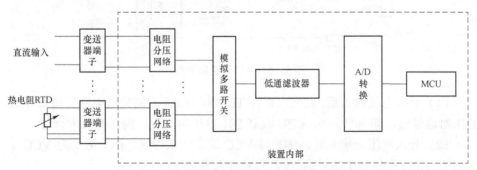

图 2-7 测控装置直流插件输入采集原理框图

第四节　测控装置采集及输出原理

一、交流电气量采集原理

根据 TA 二次额定值不同，测控装置交流插件可分为 1A 插件和 5A 插件；根据电压、电流输入路数不同，又可分为不同型号。

电压、电流信号进入测控装置后，首先会经过 TV、TA 互感器，将电压、电流值进一步降低，然后通过带通滤波器，将高次谐波滤除，最后通过整形电路，将信号传给 MCU 进行模数转化和计算，电压采集回路示意图如图 2-8 所示。

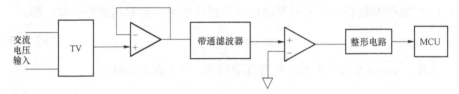

图 2-8　电压采集回路示意图

二、开入采集原理

测控装置开入插件根据输入电压等级，一般可以分为 24、110V 和 220V 三种，一个开入回路原理如图 2-9 所示。

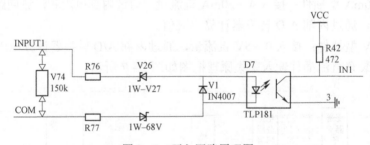

图 2-9　开入回路原理图

（1）开入电压输入后，发光二极管 TLP181 导通，右侧光敏电阻三极管导通，IN1 对地导通，即电平为 0，CPU 收到 IN1 电平为 0 后，判断开入为合位。

（2）开入电压未输入时，IN1 与 VCC 地之间未导通，IN1 电平为 VCC+，即 5V，CPU 收到 IN1 电平为 5V，判断开入为分位。

（3）R42 为一个上拉电阻，为了保证在没有开入的时候，IN1 电平稳定为 5V，防止电压波动。

（4）V1 二极管为肖特基二极管，特性就是当电压超过一定值之后，会反向导通，保护后面的回路。

（5）V26、V27 两个稳压管作用是为了实现输入电压在 70%以上可靠动作，55%以下电压可靠不动作。

（6）V74 为一个大阻值的限流电阻，起保护和抗干扰作用。有时现场测量开入端与 COM 端子之间是导通的，对于这种并联大电阻的开入插件，属于正常现象。

三、开出原理

测控装置开出插件的输出均为空触点，当开出插件收到开出命令时，驱动继电器闭合输出触点，触点闭合时间可以在测控装置中设定。开出回路原理图如图 2-10 所示。

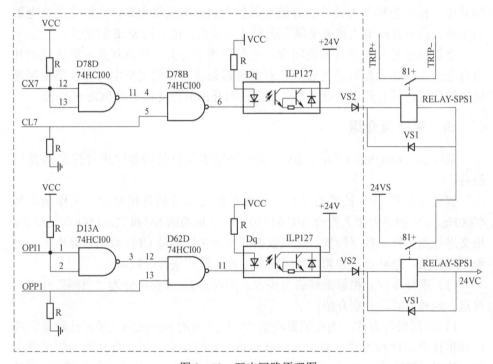

图 2-10 开出回路原理图

（1）任一个继电器的输出由两个 CPU 的 I/O 管脚控制，且 TA7 的电平应为"0"且 CL7 的电平应为"1"时才能驱动继电器（由与非门控制），其目的是解决由于测控装置断电或上电过程中工作电源不稳定造成测控装置误出口的问题。

（2）CPU 的 I/O 管脚与 74HCT00 芯片输入管脚之间设有上拉电阻或下拉电路。加上拉或下拉电阻后，只要 CPU 不误发命令，TA7 的电平总是为"1"、CL7 的电平总是为"0"，从而有效地闭锁了控制出口和启动回路。

（3）只有在启动继电器和相应的控制继电器同时动作，测控装置的控制出口才能出口动作，其目的是避免在单个继电器控制回路出现问题而导致测控装置误出口的问题。

（4）在软件中定时自检控制回路的硬件状态，如果发现某个继电器控制回路有问题，会及时告警通知运行人员。

测控开出插件种类主要分为保持型和非保持型，一般均支持直流或者交流开出回路。

保持型插件在硬件上采用了双线圈双位置继电器，适用于工程上需要开出长期闭合的情况，如接地开关闭锁，同时也适用于开关、隔离开关、调压的控制开出。保持型插件上设计了对继电器触点状态的采集电路，能够监测继电器的位置，具有开出节点状态采集上送和开出节点变位上送 SOE 的功能。

非保持型插件不支持长期闭合，主要适用于开关、隔离开关、调压控制开出有些开出插件，同时插件设计了对继电器触点状态的采集电路，能够监测继电器的位置，具有开出节点状态采集上送和开出节点变位上送 SOE 的功能。

四、采样值介绍

采样值（sampled values，SV）是一种用于实时传输数字采样信息的通信服务。

智能站测控 SV 插件与常规采样测控装置交流插件相对应，采样频率为 4000Hz。SV 插件的接入符合 IEC 61850 – 9 – 2 规约的 SV 报文，合并单元对 SV 报文进行重采样、数据同步，完成数据同步后转发测量 CPU 数据计算电压、电流等遥测值。基波、谐波和功率等计算原理与常规采样一致。

（1）采样原理。根据采样的同步方式不同，SV 采样可分为"组网"和"点对点"两种方式，分别介绍如下。

1）组网采样方式。测控装置根据 SV 报文中的 SampCnt（采样计数器）进行同步计算，此种方式下要求合并单元必须对时正常，所有合并单元的采样由统一的对时脉冲进行翻转，测控装置接收到多台合并单元的 SV 报文后，只需对 SampCnt 相同的报文进行计算，即可保证是同一时刻的数据。

2）点对点采样方式。点对点方法的基础是合并单元的额定延时固定，并不依赖于合并单元的对时，测控装置需与合并单元直连，不能通过交换机组网。由测控装置本身对多合并单元（merge unit，MU）进行计数同步，报文经过光纤传输直接到达测控装置，测控装置将 SV 报文按照队列存储放入缓存中并标号，通过合并单元额定延时，测控装置计算出每帧采样报文发生的真实时刻，完成对多台合并单元的 SV 报文进行同步计算。

额定延时是指从合并单元开始采集电压、电流信息到发送出 SV 报文的时间，例如 750μs，就是要求合并单元必须在这个时间内将 SV 报文发送出来。

SV 报文为 4000Hz 的离散采样点，通过额定延时对齐的两个采样点可能会落在两个采样点之间，此时取两个采样点的中间值，即"插值同步"。

3）SV 通信告警。SV 通信为单向，一根光纤即可通信，现场应用一般将 RX 和 TX 光纤都连接，SV 丢帧和中断告警原则为：谁接收谁告警，发送方不告警，例如测控装置与合并单元通信，将通信光纤拔掉，只有测控装置告警，合并单元不会告警。

接收的采样值报文在 1s 内累计丢点数大于 8 个采样点时产生 SV 丢点告警，并触发 SV 总告警，点亮装置告警灯，采样值报文恢复正常后告警信号延时 10s 返回。如果装置连续未收到 x 帧报文，则判断为 SV 通信中断，触发 SV 总告警，点亮装置告警灯。

4）3/2 接线方式和电流及和功率计算逻辑。3/2 接线方式和电流及和功率计算功能，和电流及和功率计算与合并单元及测控检修品质相关。

a. 测控装置正常运行状态下，处于检修状态的电压或电流采样值不参与和电流与和功率计算，和电流、和功率与非检修合并单元的品质保持一致，电压、边断路器电流、中断路器电流同时置检修品质时，和电流与和功率值为 0，不置检修品质。

b. 装置检修状态下，和电流及和功率正常计算，不考虑电压与电流采样值检修状态，电压、电流、功率等电气量置检修品质，具体逻辑见表 2-1。

表 2-1　　　　　　　　3/2 接线方式和电流及和功率计算逻辑

边断路器电流合并单元检修状态	中断路器电流合并单元检修状态	电压合并单元检修状态	测控检修状态	边开关间隔电流品质	中开关间隔电流品质	出线电压品质	和电流数值	和电流品质	和功率数值	和功率品质
0	0	0	0	不检修	不检修	不检修	边+中开关	不检修	实际计算	不检修
1	0	0	0	检修	不检修	不检修	中开关	不检修	实际计算	不检修
0	1	0	0	不检修	检修	不检修	边开关	不检修	实际计算	不检修
1	1	0	0	检修	检修	不检修	0	不检修	0	不检修
0	0	1	0	不检修	不检修	检修	边+中开关	不检修	0	不检修
1	0	1	0	检修	不检修	检修	中开关	不检修	0	不检修
0	1	1	0	不检修	检修	检修	边开关	不检修	0	不检修
1	1	1	0	检修	检修	检修	0	不检修	0	不检修

续表

边断路器电流合并单元检修状态	中断路器电流合并单元检修状态	电压合并单元检修状态	测控检修状态	边开关间隔电流品质	中开关间隔电流品质	出线电压品质	和电流数值	和电流品质	和功率数值	和功率品质
0	0	0	1	检修	检修	检修	边+中开关	检修	实际计算	检修
1	0	0	1	检修	检修	检修	边+中开关	检修	实际计算	检修
0	1	0	1	检修	检修	检修	边+中开关	检修	实际计算	检修
1	1	0	1	检修	检修	检修	边+中开关	检修	实际计算	检修
0	0	1	1	检修	检修	检修	边+中开关	检修	实际计算	检修
1	0	1	1	检修	检修	检修	边+中开关	检修	实际计算	检修
0	1	1	1	检修	检修	检修	边+中开关	检修	实际计算	检修
1	1	1	1	检修	检修	检修	边+中开关	检修	实际计算	检修

（2）工程现场组网方式。"四统一"测控装置只支持 SV 点对点和组单网两种方式，而早期的测控设备，根据用户的不同要求满足实际应用中，测控装置与合并单元一般有如下四种组网方式：点对点方式、组单网方式、同源双网方式和异源冗余双网方式。

1）点对点方式。点对点方式为测控装置与 A 套合并单元直接通过光纤连接，不经过交换机，点对点接入方式如图 2-11 所示。

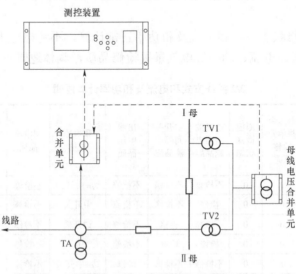

图 2-11　点对点接入方式

2）组单网方式。组单网方式为测控装置通过过程层 A 网交换机与 A 套合并单元连接，此种组网方式也即工程现场最常见方式，组单网方式如图 2-12 所示。

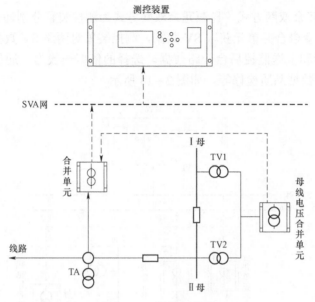

图 2-12　组单网方式

3）同源双网方式。同源双网方式为分别通过 A、B 网交换机从同一台合并单元获取 SV 数据，测控装置对两路 SV 数据进行选择切换，最终显示和上送监控后台一路数据。选择的依据一般为：通信状态、数据品质有效性、数据品质检修等，如图 2-13 所示。

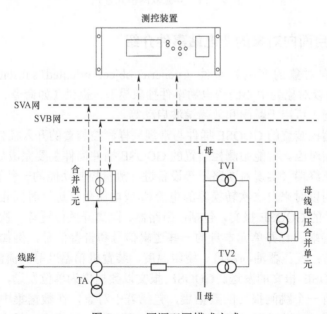

图 2-13　同源双网模式方式

4）异源冗余双网方式。异源冗余双网方式为测控装置分别通过 A、B 网交换机与 A、B 套台合并单元获取 SV 数据，测控装置对两路 SV 数据进行选择切换，最终显示和上送监控后台一路数据。选择的依据一般为：通信状态、数据品质有效性、数据品质检修等，如图 2-14 所示。

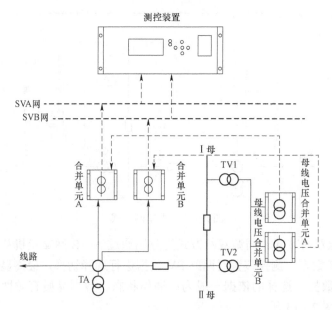

图 2-14　异源双网模式方式

五、通用面向对象的变电站事件介绍

通用面向对象的变电站事件（generic object oriented substation event，GOOSE），是以对象为中心的变电站事件抽象模型，提供（如命令、告警等）快速传输的机制，可用于跳闸和故障录波启动等。

智能站测控装置的 GOOSE 插件与常规采样测控装置的开入插件、开出插件和直流插件相对应。智能站测控装置的 GOOSE 插件插件主要完成如下功能：

接收智能终端（实现对断路器等设备进行测量控制功能的一种智能组件）、合并单元（用以对来自二次转换器的电流和/或电压数据进行时间相关组合的物理单元）发送的 GOOSE 报文，包括：断路器、隔离开关位置等一次设备开关量信号；智能终端、合并单元本身的一些逻辑信号和告警信号，例如控制回路断线、对时异常；变压器油面温度、绕组温度、装置机箱温度等直流温度信息。

（1）GOOSE 报文的发送。GOOSE 报文以数据集为单位发送，一般测控装置过程层只有一个跳闸报文的数据集，包括若干对象，在数据集中的数据没有变化的情况下，发送时间间隔为 T_0（国内为 5s）的心跳报文，报文中的状态号

（stNum）不变，顺序号（sqNum）递增。

当 GOOSE 数据集中的数据发生变化情况下（例如进行遥控操作），发送一帧变位报文后，以时间间隔 T_1（2ms）、T_1（2ms）、T_2（4ms）、T_3（8ms）进行变位报文快速重发。数据变位后的报文中状态号（stNum）增加，顺序号（sqNum）从零开始。GOOSE 报文发送处理机制如图 2-15 所示。

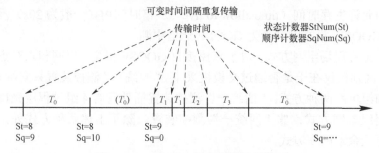

图 2-15 GOOSE 报文发送处理机制

（2）GOOSE 报文的接收。接收方严格检查 GOOSE 报文的相关参数后，首先比较新接收帧和上一帧 GOOSE 报文中的 StNum（状态号）参数是否相等。若两帧 GOOSE 报文的 StNum 相等，继续比较两帧 GOOSE 报文的 SqNum（顺序号）的大小关系；若新接收 GOOSE 帧的 SqNum（顺序号）大于上一帧的 SqNum，丢弃此 GOOSE 报文，否则更新接收方的数据；若两帧 GOOSE 报文的 StNum 不相等，更新接收方的数据。GOOSE 报文接收处理机制如图 2-16 所示。

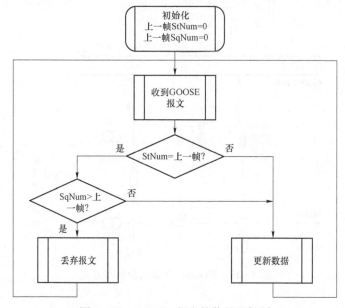

图 2-16 GOOSE 报文接收处理机制

（3）GOOSE 通信中断。GOOSE 正常通信需要连接 RX（接收）和 TX（发送）两根光纤，支持收、发独立。以测控装置与智能终端通信为例：取下测控的 TX 光纤，不会影响测控接收 GOOSE 报文；同样，取下测控的 RX 光纤，也不会影响测控发送 GOOSE 报文。

GOOSE 通信中断的告警原则同样为：谁接收谁告警，发送方不告警，在接收报文的允许生存时间（time allow to live）2 倍时间内（一般为 20s）没有收到下一帧 GOOSE 报文时判断为 GOOSE 通信中断。

（4）工程现场组网方式。对于测控接收 GOOSE 报文，组网和点对点方式没有区别，区别仅仅在于是否通过交换机采集。"四统一"测控装置只支持 GOOSE 点对点和组单网两种方式，"四统一"测控装置插件只有 4 组过程层光口，现场一般采用组单网方式；非"四统一"测控装置，除了上述两种方式外，还支持组"异源冗余双网"方式。

异源冗余双网方式。异源冗余双网方式为对于双套配置的智能终端，测控分别通过 A、B 网交换机采集双套智能终端的开关、隔离开关位置，测控装置对两路数据进行选择切换，最终显示和上送监控后台一路数据。选择的依据一般为：通信状态、数据品质有效性、数据品质检修等。GOOSE 异源冗余双网方式如图 2-17 所示。

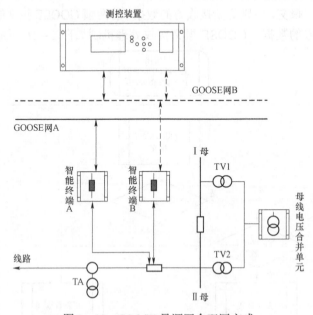

图 2-17　GOOSE 异源冗余双网方式

第三章

测控装置通信规约

第一节 IEC 61850 简介

一、概述

在 IEC 61850 系列标准制定和应用之前，变电站内保护测控装置与监控系统通信采用 IEC 60870－5－103《远动设备及系统 第 5 部分：传输规约 第 103 节：保护设备信息接口的配套标准》规约。由于厂家在技术水平、经验、理解等各方面有差异，产品互操作性问题日益突出，工程费用增加，成为变电站自动化行业发展的巨大障碍。

智能变电站保护测控装置与其他装置和系统通信遵循 IEC 61850 系列标准，其全称是变电站通信网络和系统（communication networks and systems in substations），其对应的电力行业系列标准为 DL/T 860 系列标准，规范了变电站内智能电子设备（intelligent electronic device，IED）之间的通信行为和相关的系统要求。

IEC 61850 系列标准是由国际电工委员会第 57 技术委员会（IECTC57）从 1995 年开始制订的，我国的标准化委员会对 IEC 61850 系列标准进行了同步的跟踪和翻译工作，并形成了 DL/T 860 系列标准。

由于 IEC 61850 系列标准涵盖范围十分广泛，其中大部分内容超出了本书的范围，并且涵盖大量的通信专业的内容，对于电力专业读者的理解会有一定的阻碍。因此，本书重点从电力实际应用角度，结合实际的测控装置，从信息、服务和规约这三个方面介绍 IEC 61850 系列标准相关的内容，对其他内容感兴趣的读者可以参考 IEC 61850 系列标准及相关其他标准的详细内容。

二、信息模型

IEC 61850 采用分层模型描述变电站内的信息，并在 IEC 61850－6《电力系统自动化用通信网络及系统　第 6 部分：变电站相关的智能电子装置（IEDs）通信用配置描述语言》中定义了变电站配置描述语言（substation configuration description language，SCL）。

首先，IEC 61850 将变电站的功能分解为一系列逻辑节点（logicnode，LN），每个 LN 对应一个不可再分的最小功能；然后，再将这些 LN 分配到具体的物理装置 IED 上去实现。在将 LN 分配给 IED 之前，IED 和 LN 之间还有一层逻辑设备（logicdevice，LD），会先将有一定关联关系的 LN 分配给 LD，从而构成了 IED→LD→LN 的分层模型。IEC 61850 对 LN 的定义见 IEC 61850-7-4《变电所的通信网络和系统　第 7-4 部分：基本通信结构　兼容逻辑节点种类和数据种类》。

如图 3-1 所示，该变电站一共有 85 个 IED，其中，CL112 为某 110kV 测控装置。该测控装置包含 6 个 LD，每个 LD 包含一个 LN0（公共逻辑节点，一种特殊的 LN）和多个 LN。例如，MEAS 是包含了测量相关 LN 的 LD，用于测量电压、电流、功率等信息；CTRL 是包含了控制相关 LN 的 LD，用于接收开关位置等信息，以及发送跳闸、合闸等信息。

另外，不同的 LD 需要通过特定的访问点（acesspoint，AP）才能访问。此处的 AP 是逻辑上的访问点，与具体的物理端口的对应关系可以是一对一（一般情况下）、一对多或多对一的。IEC 61850 本身不定义这种对应关系，而是由用户通过私有信息定义。IED→LD→LN 分层模型如图 3-1 所示为例，LD0、MEAS、CTRL、RCD 通过 S1 访问，PIGO 和 PISV 通过 G1 访问。S1 和 G1 在具体的物理实现上可以是两个不同的物理端口，也可以是同一个物理端口，或者 S1 和 G1 分别对应多个物理端口。

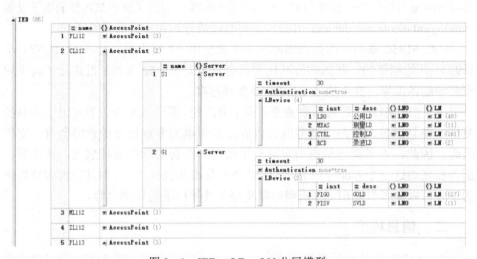

图 3-1　IED→LD→LN 分层模型

而对于 LN，IEC 61850 用数据对象（Data Object，DO）和数据属性（Data Attribution，DA）表示，从而构成 LN→DO→DA 的分层模型。每个 LN 包含多至或超过 30 个 DO，每个 DO 可包含多至或超过 20 个 DA，因此，LN 可包含超过 100 个单独的信息。IEC 61850 对 DO 和 DA 的定义见 IEC 61850－7－3（DL/T 860.73）。

　　LN→DO→DA 的分层模型如图 3－2 所示为例，描述为同期的 LN 包含 20 个 DO。其中，名称为 DifVClc 的 DO 包含 2 个 DA，一个为简单类型（SCL 里，简单类型的 DA 用 DAI 表示），另一个为结构类型（SCL 里，结构类型的 DO 或 DA 用 SDI 表示）。

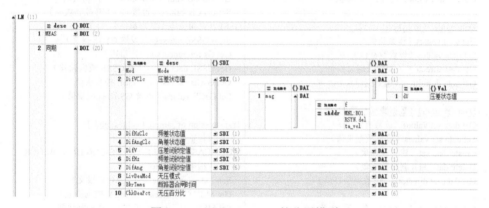

图 3－2　LN→DO→DA 的分层模型

三、服务模型

　　在信息模型的基础上，IEC 61850 还定义了 IED 之间，或者 IED 和外部系统之间交换信息的模型，即服务模型。而且，服务是以独立于具体实现的方式进行定义的，因此称为抽象通信服务接口（abstract communication service interface，ACSI）。IEC 61850 本身没有定义服务的具体实现方式，而是将这些服务使用已有的通信规约实现，这一过程称为特定通信服务映射（specific communication service mapping，SCSM），即后面会讲到的 IEC 61850 规约。

　　服务模型和服务在 IEC 61850－7－2《变电所的通信网络和系统　第 7－2 部分：变电所和馈电设备用基本通信结构　抽象通信服务接口（ACSI）》中定义，服务列表见表 3－1。本节不对服务模型展开讲解，会在后面的章节结合报文阐述。

表 3-1   服 务 列 表

Server model（服务器模型第 6 章）
Get server directory（读服务器目录）

Association model（关联模型第 7 章）
Associate（关联）
Abort（异常中止）
Release（释放）

Logical device model（逻辑设备模型第 8 章）
Get logical device directory（读逻辑设备目录）

Logical node model（逻辑节点模型第 9 章）
Get logical node directory（读逻辑节点目录）
Get all data values（读所有数据值）

Data model（数据模型 10 章）
Get data values（读数据值）
Set data values（设置数据值）
Get data directory（读数据定义）
Get data definition（读数据目录）

Data set model（数据集模型第 11 章）
Get data set values（读数据集值）
Set data set values（设置数据集值）
Create data set（建立数据集）
Delete data set（删除数据集）
Get data set directory（读数据集目录）

Substitution model（取代模型第 12 章）
Set data values（设置数据值）
Get data values（读数据值）

SETTING-GROUP-CONTROL-BLOCK mode（定值组控制块模型第 13 章）
Select active SG（选择激活定值组）
Select edit SG（选择编辑定值组）
Set SG values（设置定值组值）
Confirm edit SG values（确认编辑定值组值）
Get SG values（读定值组值）
Get SGCB values（读定值组控制块值）

LOG-CONTROL-BLOCK model（日志控制块模型）：
Get LCB values（读日志控制块值）
Set LCB values（设置日志控制块值）
Query log by time（按时间查询日志）
Query log after（查询某条目以后的日志）
Get log status valucs（读日志状态值）

Generic substation event model-GSE（通用变电站事件模型 GSE 第 15 章）
GOOSE（面向通用对象的变电站事件）
Send GOOSE message（发送 GOOSE 报文）
Get Go reference（读 Go 引用）
Get GOOSE element number（读 GOOSE 元素数目）
Get Go CB values（读 GOOSE 控制块值）
Set Go CB values（设置 GOOSE 控制块值）
GSSE（通用变电站状态事件）
Send GSSE message（发送 GSSE 报文）
Get Gs reference（读 Gs 引用）
Get GSSE data offset（读 GSSE 数据偏移）
Get GsCB values（读 GSSE 控制块值）
Set GsCB values（设置 GSSE 控制块值）

Transmission of sampled values model（采样值传输模型第 16 章）
MULTICAST-SAMPLE-VALUE-CONTROL-BLOCK（多路广播采样值控制块）：
Send MSV message（发送 MSV 报文）
Get MSV CB values（读 MSV 控制块值）
Set MSV CB values（设置 MSV 控制块值）

UNICAST-SAMPLE-VALUE-CONTROL-BLOCK（单路传播采样值控制块）：
Send USV message（发送 USV 报文）
Get USV CB values（读 USV 控制块值）
Set USV CB values（设置 USV 控制块值）

Control model（控制模型第 17 章）
Select（选择）
Select with value（带值选择）

四、IEC 61850 规约

　　IEC 61850 规约是采用已有通信规约对表 3-1 中的服务的具体实现，其总体结构如图 3-3 所示,根据具体的功能以及相关报文类型和性能要求,IEC 61850 规约采用不同类型的协议栈实现不同类型的服务。

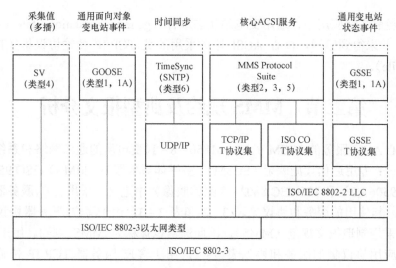

注：（类型 x）是 DL/T 860.5 中定义的报文类型和特征类。

图 3-3　IEC 61850 规约总体结构

本书中使用的术语在其他著作、文献中可能会被理解为不同的意思，为免引起歧义，本书中使用的术语遵循以下规定：

（1）术语"规约"和"协议"。本书中两者视为等同，对应英文术语为"protocol"，一般来讲，电力专业喜欢使用"规约"，而通信和计算机专业喜欢使用"协议"。

（2）术语"规约"和"规约集"（或"协议集"）。IEC 61850 规约实际上是一系列通信规约的集合（称为"规约集"），因此，本书不会严格从规约数量上对"规约"和"规约集"进行区分，也就是说，当提到"规约"时，并不一定对应某一单独的规约。

实际应用中的 IEC 61850 规约实现的服务包括：SV、GOOSE、时间同步和核心 ACSI 服务。各种类型服务典型应用场景如下：

SV：用于传输数字变送器、数字互感器、合并单元等输出的电压、电流采样值，根据具体的传输方式又分为多播采样值（multicast sample value，MSV）传输和单播采样值传输，分别在 IEC 61850-9-2《公用电力事业自动化的通信网络和系统　第 9-2 部分：专用通信服务映射（SCSM）通过 ISO/IEC 8802-3 的抽样值》和 IEC 61850-9-1《变电所的通信网络和系统　第 9-1 部分：专用通信设施映射（SCSM）　串行单向多路点点对点线路上的取样值》中定义。

GOOSE：用于传输跳闸、合闸、开关位置、闭锁、启失灵等开关量。

时间同步：用于传输时间同步报文，IED 的内部时钟。

核心 ACSI 服务：除上述 3 种服务外的其他 ACSI 服务。

在当前实际应用中，通用变电站状态事件（generic substation state event，GSSE）并未得到应用，核心 ACSI 服务采用的是 TCP/IP 传输协议集（TCP/IP T – Profile）。

第二节　MMS 规约及典型报文分析

核心 ACSI 服务的 SCSM 在 IEC 61850 – 8 – 1《变电所的通信网络和系统　第 8 – 1 部分：专用通信设施映射（SCSM）多媒体短信服务（MMS）（ISO 9506 – 1 和 ISO 9506 – 2）和 ISO/IEC 8802 – 3 上的映像》中定义，采用客户/服务器协议集实现，其使用的服务和协议见表 3 – 2 和表 3 – 3，由于客户/服务器协议集在应用层采用制造报文规范（MMS），因此通常也被称为 MMS 规约。用于客户/服务器应用协议集的服务和协见表 3 – 2，用于客户/服务器 TCP/IP 传输协议集的服务和协议见表 3 – 3。

表 3 – 2　　　　　用于客户/服务器应用协议集的服务和协议

OSI 模型层	规范		
	名称	服务规范	协议规范
应用层	制造报文规范	GB/T 16720.1—2005《工业自动化系统 制造报文规范 第 1 部分：服务定义》	GB/T 16720.2—2005《工业自动化系统 制造报文规范 第 2 部分：协议规范》
	关联控制服务元素	ISO 8649《信息处理系统 开放系统互连 有关控制服务要素的服务定义：协议规范》	ISO/IEC 8650 – 2 – 1997《信息技术 开放系统互连 联系控制服务元素协议规范：协议实现一致性声明（PICS）形式表》
表示层	面向连接的表示层	ISO 8822《信息处理系统 开放系统互连定向连接服务定义》	ISO/IEC 8823 – 1 AMD 1 – 1998《信息技术 开放系统互连 面向连接的表示协议：协议规范 修订 1》和 ISO/IEC 8823 – 1 AMD.2 – 1998《信息技术 开放系统互连 面向连接表示协议：协议规范 修订 2》
	抽象语法	ISO/IEC 8824 – 1 – 2015《信息技术 抽象语律记法 1（ASN.1）：基本记法规范》	ISO/IEC 8825 – 1 – 2021《信息技术 ASN.1 编码规则：基本编码规则（BER）、典型编码规则（CER）和区分编码规则（DER）的规范》
会话层	面向连接的会话层	ISO/IEC 8326—1996《信息技术 开放系统互连 会话服务定义》	ISO/IEC 8327 – 1 AMD.1 – 1998《信息技术 开放系统互连 面向连接的会话协议：协议规范 修订 1：效率增强》和 ISO/IEC 8327 – 1 AMD.2 – 1998《信息技术 开放系统互连 面向连接会议草案：草案规格 修订 2：网络中的功能单元》

表 3-3　　　　　用于客户/服务器 TCP/IP 传输协议集的服务和协议

OSI 模型层	规范	
	名称	服务规范
传输层	在 TCP 之上进行 ISO 传输协议	IETF RFC 1006—1987《ISO Transport Service on Top of the TCP Version: 3（Part of Std 35；Obsoletes: RFC 983）》
	互联网控制报文协议（ICMP）	RFC 792
	传输控制协议（TCP）	RFC 793
网络层	互联网协议	RFC 791
	以太网地址解析协议（ARP）	RFC 826
数据链路层	IP 数据报在以太网上传输的标准	IETF RFC 894-1984《Standard for the Transmission of IP Datagrams over Ethernet Networks（Part of Std 41）》
	载波侦听多路访问/碰撞检测（CSMA/CD）	ISO/IEC 8802-3：2001《信息处理系统　区域网络　第 3 部分：具有冲突检测的载波检波复合存取的存取方法和物理层规范》
物理层（可选 1）	10/100M 双绞线以太网	ISO/IEC 8802-3：2001《信息处理系统　区域网络　第 3 部分：具有冲突检测的载波检波复合存取的存取方法和物理层规范》
	用于 ISDN 基本接入接口的连接器	ISO/IEC 8877-1992《信息技术信通间远程通信和信息交换以 S 和 T 参考点定位的 ISDN 基本访问接口用的接口连接器和接触件分配》
物理层（可选 2）	100M 光纤以太网	ISO/IEC 8802-3：2001《信息处理系统　区域网络　第 3 部分：具有冲突检测的载波检波复合存取的存取方法和物理层规范》
	基本光纤连接器 [a]	KS CIEC 60874-10-1 2003（2008）《多模光纤连接器详细规范》、KS CIEC 60874-10-2 2003（2008）《单模光纤连接器详细规范》

[a]　用于 10M/100M 双绞线连接器的规范。

一、正常通信

一般情况下，测控装置与站控层装置（如监控主机、数据通信网关机）之间仅采用 MMS 规约通信，此时测控装置为服务端，而对应侧装置为客户端。

关联（associate）是客户端发起关联请求并得到服务端的关联肯定响应，则两者之间建立应用关联，并在该应用关联上交互数据。

同一对客户端和服务端之间可以建立多个应用关联，同一个服务端也可同时与多个客户。端之间建立应用关联，且各应用关联上的数据交互相对独立。

客户端发送关联请求报文如图3-4所示。图3-4中，1为关联请求标识，表明这是一个关联请求报文；2为详细的请求内容，包含查询支持的服务类型等内容，不具体展开。

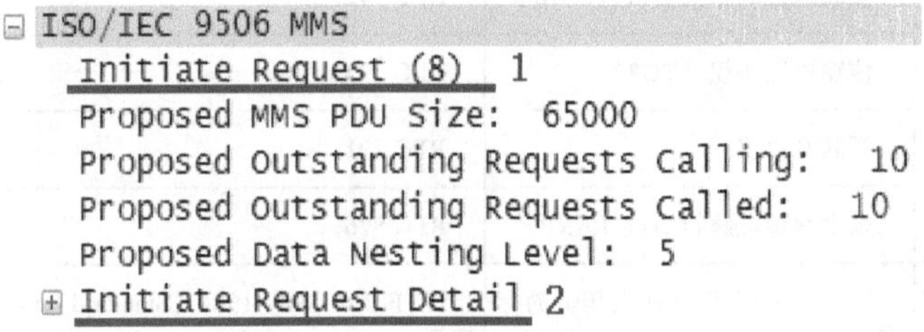

```
ISO/IEC 9506 MMS
  Initiate Request (8)  1
  Proposed MMS PDU Size:  65000
  Proposed Outstanding Requests Calling:  10
  Proposed Outstanding Requests Called:  10
  Proposed Data Nesting Level:  5
  Initiate Request Detail 2
```

图3-4 客户端发送关联请求报文

服务端返回肯定响应报文如图3-5所示，表示关联成功，双方建立应用连接。图3-5中，1为关联响应标识，表明这是一个关联响应报文；2为详细的响应内容，不具体展开。

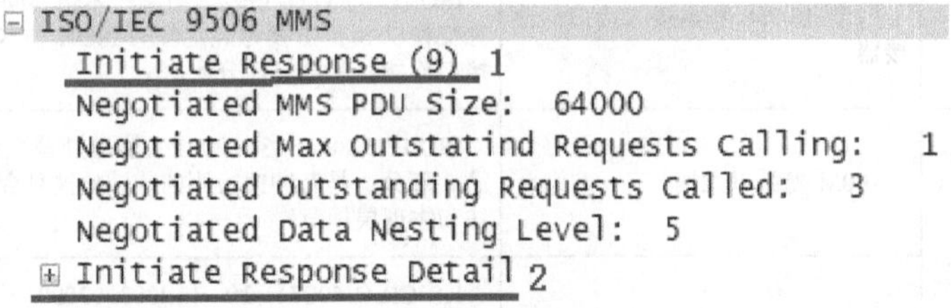

```
ISO/IEC 9506 MMS
  Initiate Response (9) 1
  Negotiated MMS PDU Size:  64000
  Negotiated Max Outstatind Requests Calling:  1
  Negotiated Outstanding Requests Called:  3
  Negotiated Data Nesting Level:  5
  Initiate Response Detail 2
```

图3-5 服务端返回肯定响应报文

（1）带确认的数据交互［Data（confirmed）］。带确认的数据交互指客户端向服务端发送数据并得到服务端的确认。

（2）无确认的数据传输［Data（unconfirmed）］。无确认的数据传输指服务端向客户端发送数据，但是不需要客户端确认。

（3）释放（Release）。释放指客户端发起释放请求并得到服务端的释放肯定响应，则两者之间断开特定应用关联，并在该应用关联上不再交互数据，但是其他应用关联上的数据交互不受影响，客户端发起释放请求流程如图3-6所示。

38

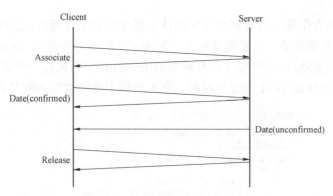

图3-6　客户端发起释放请求流程

客户端发送释放请求报文如所图3-7所示。

□ ISO/IEC 9506 MMS
　　Conclude Request (11)

图3-7　客户端发送释放请求报文

服务端返回释放响应报文如图3-8所示，双方断开应用关联。

□ ISO/IEC 9506 MMS
　　Conclude Response (12)

图3-8　服务端返回释放响应报文

二、异常中止（abort）

客户端与服务端之间的特定应用关联可能会因异常而断开，此时将舍弃发出的所有服务请求，不再处理服务，此过程称为异常中止。异常中止的原因可能是某用户发起了异常中止请求，也有可能是客户端或者服务端自身的异常和故障。

三、数据（data）和数据集（dataset）读写

数据表示 IED 的有意义的应用信息，一组特定的数据可以被当作一个整体来看待，称为数据集（dataset），其中的每个数据称为该数据集的成员，全部成员的值称为该数据集值。

MMS 规约可对单个或者多个数据进行读写操作，例如配置、描述、控制块参数等。

客户端读取单个告警数据的报文如图3-9所示。在图3-9中，1为带确认

请求标识，所有带确认的数据交互中的请求报文均采用该标识；2 为报文类型标识，"read"表明这是一个数据读报文；3 为报文的唯一性标识（InvokeID），每一对带确认请求/确认响应报文具有相同的 InvokeID，每发出一个带确认请求报文，则 InvokeID 加 1；4 为操作对象，在本示例中表明读数据的对象。

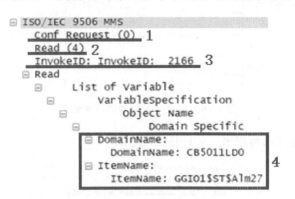

图 3-9　客户端读取单个告警数据的报文

服务端返回该数据的值的报文如图 3-10 所示。图 3-10 中，1 为确认响应标识，所有带确认的数据交互中的响应报文均采用该标识；2 为被读数据的值，在本示例中该数据为一结构类型的数据，包含 3 个成员［在 DL/T 860 系列标准里称为数据属性（data attribute，DA）］，第一个成员为值（BOOLEAN 型），第二个成员为品质（13 位串型），第三个成员为（UTC）时间。

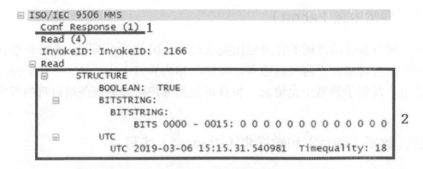

图 3-10　服务端返回该数据的值的报文

当然，读数据请求报文里可以包括多个数据的读请求（相当于读数据集），则服务端返回报文里也多个数据的值。对写数据也是如此。图 3-11 中，"write"表明这是一个写数据报文；2 为写数据的对象；3 为写的值，写"TRUE"表明使能该报告控制块，同样地，如果后面想关闭该报告控制块，则写"FALSE"。

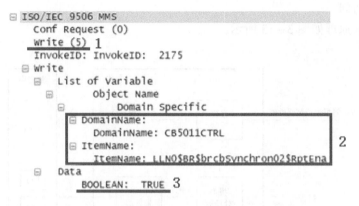

图 3-11　客户端写报告控制块的使能位的报文

服务端返回肯定响应的报文如图 3-12 所示，表明写成功。

```
ISO/IEC 9506 MMS
   Conf Response (1)
   Write (5)
   InvokeID: InvokeID:  2175
   Write
           Data Write Success
```

图 3-12　服务端返回肯定响应的报文

四、报告（report）

报告指服务端将数据集的值发送给客户端的过程，测控装置的遥信（如开关位置、压板状态、异常、告警等）、遥测（电压、电流、有功功率、无功功率等）均通过报告发送。

对每个数据集的报告都有一个对应的报告控制块（report control block，RCB）进行控制，根据报告控制方式的不同，报告控制块包括两种类型，分别是缓存报告控制块（bufferd-report control block，BRCB）和非缓存报告控制块（unbufferd-report control block，URCB），其性能略有区别。

BRCB：会缓存数据集的值直到确认客户端接收到了报告，不会因为流控制或者连接断开等原因造成值的丢失。

URCB：会"尽最大努力"立即发送报告，但是不对客户端是否接收到了报告进行确认，可能造成值的丢失。因为不缓存数据集的值，所以响应速度比 BRCB 快。

报告控制块包含多个报告控制实例，并且限定每个实例同一时刻只能被一个客户端访问。

报告的原理如图 3 – 13 所示。

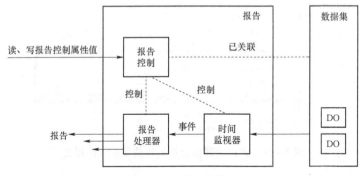

图 3 – 13　报告的原理

事件监视器确定何时告知处理器发生了内部事件，事件包括数据集成员的值变化、品质变化和值刷新。

报告处理器决定何时和如何向客户端发送报告。

报告控制的主要属性包括：

（1）RptEna：报告使能，仅在使能后才会发送报告。

（2）Dataset：报告控制块关联的数据集。

（3）BufTm：缓存时间，值为非 0 时表示在此时间内发生的事件仅产生一次报告，值为 0 时则每个事件都会产生一次报告。

（4）IntgPd：完整性周期，每隔该时间会主动产生一次报告。

（5）GI：总召唤，设置为"TRUE"时产生一次报告。

（6）PurgeBuf：清除缓存，设置为"TRUE"时舍弃所有还没送到客户端的缓存报告。

（7）TimeOfEntry：产生报告的时间。

报告控制块使能后，当满足触发条件后服务端会主动上送报告，其报文如图 3 – 14 所示。图 3 – 14 中，1 表明这是一个无确认的数据传输报文；2 表明这是一个报告报文；3 为报告控制块的 ID；4 为报告的选项，决定报告是否带生成时间、触发原因等信息；5 为报告的生成时间；6 为报告控制块关联的数据集；7 为报告的数据；8 为触发报告的原因，本示例的触发原因为数据值变化，其他触发原因还包括数据品质变化、周期性上送、响应总召等。

客户端通过写报告控制块的总召位（写"TRUE"触发总召，报文如图 3 – 15 所示），触发服务端上送报告。

```
⊟ ISO/IEC 9506 MMS
   Unconfirmed (3)  1
⊟ InformationReport
   ⊟  VariableList
      RPT  2
   ⊟  AccessResults
      ⊟   VSTRING:
         CTRL/LLN0$BP$brcbSynchron  3
      ⊟   BITSTRING:
            BITSTRING:
               BITS 0000 - 0015: 0 1 1 1 1 1 0 1 0 0  4
         UNSIGNED:  0
      ⊟   BTIME
            BTIME  2019-03-06 16:38:19.185 (days=12848 msec= 59899185)  5
      ⊟   VSTRING:
         CB5011CTRL/LLN0$dsSynchron  6
      ⊟   OSTRING:
            OSTRING: 1a 00 00 00 00 00 00 01
      ⊟   BITSTRING:
            BITSTRING:
               BITS 0000 - 0015: 1 0 0 0 0 0 0 0 0 0 0 0 0 0 0 0
      ⊟   VSTRING:
         CB5011CTRL/RSYN1$ST$Rel  7
         STRUCTURE
            BOOLEAN:  FALSE
      ⊟      BITSTRING:
               BITSTRING:
                  BITS 0000 - 0015: 0 0 0 0 0 0 0 0 0 0 0 0    8
      ⊟      UTC
               UTC 2019-03-06 16:38.19.185666  Timequality: 18
      ⊟      BITSTRING:
               BITSTRING:
                  BITS 0000 - 0015: 0 1 0 0 0 0    9
```

图 3-14 服务端会主动上送报告报文

```
⊟ ISO/IEC 9506 MMS
     Conf Request (0)
     Write (5)
     InvokeID: InvokeID:  2206
  ⊟ Write
     ⊟  List of Variable
        ⊟      Object Name
           ⊟        Domain Specific
              ⊟ DomainName:
                   DomainName: CB5011CTRL
              ⊟ ItemName:
                   ItemName: LLN0$BR$brcbSynchron02$GI
        ⊟  Data
              BOOLEAN:  TRUE
```

图 3-15 写"TRUE"触发总召报文

五、控制（control）

对测控装置的遥控、遥调通过控制服务完成，例如投/退软压板、跳闸、合闸等。根据是否进行操作前选择以及是否监视被控对象的行为，定义了 4 种类

43

型的控制模型：

（1）常规安全的直接控制。

（2）常规安全的操作前选择控制。

（3）增强安全的直接控制。

（4）增强安全的操作前选择控制。

以增强安全的操作前选择控制过程为例。

客户端先发起操作前选择请求报文，如图3-16所示。图3-16中，1为操作对象，其中，被控制对象为 PdifEna 压板，通过写其 SBOw 属性实现操作前选择，SBOw 属性为结构类型；2为控制值，写 TRUE 表明投入 PdifEna 压板；3为控制发起者参数，为一结构类型变量，第1个成员为整型，表明发起者类型，例如监控主机、远动装置等，第2个成员为字符串类型，表明发起者 ID；4为操作时间；5为测试标志，置 TRUE 表明是一个测试操作；置 FALSE 表明是一个正常的操作。

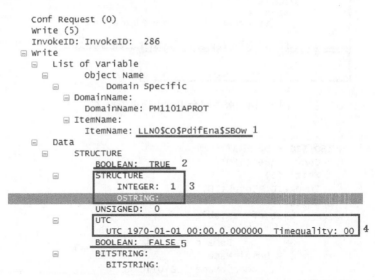

图3-16　请求报文

待服务端返回肯定响应后，客户端发起操作请求，报文如图3-17所示，操作对象为写 PdifEna 压板的 Oper 属性（与 SBOw 属性类型相同）。

服务端成功执行则返回肯定响应，且执行结果可能会触发上送报告。

六、定值组（setting group）

通常的数据仅有一个值，而定制组允许数据有多个值，某一时刻使用其中一个值，并能在多个值之间切换。

```
Conf Request (0)
Write (5)
InvokeID: InvokeID:  287
⊟ Write
  ⊟  List of Variable
    ⊟      Object Name
      ⊟       Domain Specific
        ⊟ DomainName:
             DomainName: PM1101APROT
          ⊟ ItemName:
             ItemName: LLN0$CO$PdifEna$Oper
  ⊟  Data
    ⊟   STRUCTURE
             BOOLEAN:  TRUE
      ⊟      STRUCTURE
               INTEGER:  1
               OSTRING:
             UNSIGNED:  0
      ⊟   UTC
             UTC 1970-01-01 00:00.0.000000  Timequality: 00
             BOOLEAN:  FALSE
      ⊟   BITSTRING:
             BITSTRING:
```

图 3-17　客户端发起操作请求报文

客户端选择激活定值组报文如图 3-18 所示，则该区号定值激活生效。图 3-18 中，1 为写操作对象，即定值控制块的 ActSG 属性；2 为定值组区号，表明激活 1 区定值。

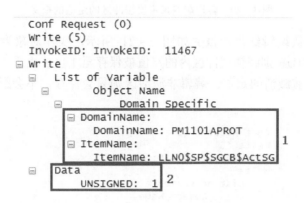

图 3-18　客户端选择激活定值组报文

编辑定值时，客户端需先选择要编辑的定值区号，报文如图 3-19 所示，写操作对象为定值控制块的 EditSG 属性，值为 1，则 1 区定值被读入编辑缓冲区。

```
Conf Request (0)
Write (5)
InvokeID: InvokeID:  105
write
   List of variable
      Object Name
            Domain Specific
         DomainName:
            DomainName: PM1101APROT
         ItemName:
            ItemName: LLN0$SP$SGCB$EditSG
   Data
      UNSIGNED:  1
```

图 3-19　选择要编辑的定值区号报文

客户端编辑定值缓冲区的定值的报文如图 3-20 所示，操作对象为差动保护启动电流定值，值设置为 10.0。

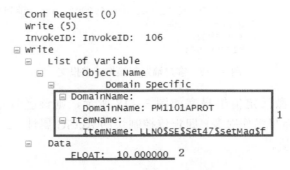

图 3-20　客户端编辑定值缓冲区的定值的报文

客户端确认编辑结果的报文如图 3-21 所示，操作对象为定值控制块的 CnfEdit，写 TRUE 则编辑缓冲区内的定值被保存至 1 区。由于 1 区是激活区，因此会刷新当前激活的定值。编辑非激活区则只会保存，不会影响当前激活的定值。

```
Conf Request (0)
Write (5)
InvokeID: InvokeID:  107
write
   List of variable
      Object Name
            Domain Specific
         DomainName:
            DomainName: PM1101APROT
         ItemName:
            ItemName: LLN0$SP$SGCB$CnfEdit
   Data
      BOOLEAN:  TRUE
```

图 3-21　客户端确认编辑结果的报文

第三节　SV 规约及典型报文分析

SV 规约主要用于合并单元相保护，测控装置传输电压、电流的采样值，通过采样序号进行计数。每进行一次新的采样，采样序号的值加 1。

根据是否对时，SV 规约分为同步采样模式（组网）和异步采样模式（点对点）。

同步采样模式如图 3-22 所示，各合并单元（merge unit，MU）在同一时钟下运行，并且采样计数应随每一个同步脉冲出现时置零。

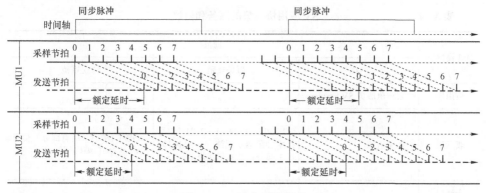

图 3-22　同步采样模式

异步采样模式如图 3-23 所示，各 MU 之间不需要同步，采样序号不代表具体的时间信息。

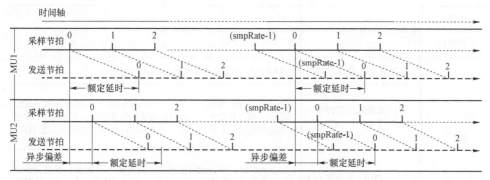

图 3-23　异步采样模式

IEC 61850 规定了两种 SV 服务的 SCSM，分别在 KS CIEC 61850 – 9 – 1—2006《变电所的通信网络和系统　第 9 – 1 部分：专用通信设施映像（SCSM）串行单向多点点对点线路上的取样值》和 IEC 61850 – 9 – 2—2020《电力公用事业自动化用通信网络和系统　第 9 – 2 部分：专用通信服务映射（SCSM）ISO/IEC 8802 – 3 的采样值》中定义。目前，IEC 61850 – 9 – 1《变电所的通信网络和系统　第 9 – 1 部分：专用通信设施映射（SCSM）　串行单向多路点对点线路上的取样值》已无应用，因此，目前一般说到 SV 规约时特指 IEC 61850 – 9 – 2—2020《公用电力事业自动化的通信网络和系统　第 9 – 2 部分：专用通信服务映射（SCSM）通过 ISO/IEC 8802 – 3 的抽样值》。SV 服务和协议见表 3 – 4 和表 3 – 5。

表 3 – 4　　　　　　　　　　SV 应用协议集的服务和协议

OSI 模型层	规范		
	名称	服务规范	协议规范
应用层	采样值服务 SV Service		
表示层	抽象语法	ISO/IEC 8824 – 1—2021《信息技术抽象语法记法一（ASN.1）第 1 部分：基本记法规范》	GB/T 16263（所有部分）信息技术 ASN.1 编码规则
会话层			

表 3 – 5　　　　　　　　　　SV 传输协议集的服务和协议

OSI 模型层	规范	
	名称	服务规范
传输层		
网络层		
链路层	优先级标志/虚拟局域网	IEEE Std 802.IQ《虚拟局域网特定部分》
	带碰撞检测的载波侦听多址访问（CSMA/CD）	CSA ISO/IEC 8802 – 3 – 02 – CAN/CSA—2002《信息技术—系统间的电信和信息交换—局域网和城域网特殊要求　第 3 部分：带碰撞检测的载波侦听多址访问（CSMA/CD）存取方法及物理层规范》
	用于 ISDN 基本接入接口的连接器	ISO/IEC 8877—1992《信息技术信通间远程通信和信息交换以 S 和 T 参考点定位的 ISDN 基本访问接口用的接口连接器和接触件分配》

OSI 模型层	规范	
	名称	服务规范
物理层	100Base－FX 光纤传输系统	CSA ISO/IEC 8802－3－02－CAN/CSA—2002《信息技术—系统间的电信和信息交换—局域网和城域网特殊要求　第 3 部分：带碰撞检测的载波侦听多址访问（CSMA/CD）存取方法及物理层规范》
物理层	基本光纤连接器 [a]	KS CIEC 60874－10－1—2003（2008）《多模光纤连接器详细规范》、KS CIEC 60874－10－2—2003（2008）《单模光纤连接器详细规范》

[a] 这是用于 ST 连接器的规范。

SV 报文结构如图 3－24 所示。其中，各段数据说明如下：

（1）DestinationMAC：目的 MAC 地址。

（2）SourceMAC：源 MAC 地址。

（3）VLAN TAG：虚拟局域网标记，固定为 0x8100。

（4）VLAN TCI：VLAN 的优先级（PRI）、规范格式标记（CFI，0 表示规范格式，1 表示非规范格式）和 ID（12 位二进制数表示，值为 0～4095）。

（5）EthernetType：以太网类型，SV 报文固定为 0x88BA。

（6）APPID：链路层全局唯一性 ID。

（7）AppLength：从 APPID 开始所有数据的总长度，单位为字节。

（8）Reserved1：两字节保留字符。

（9）Reserved2：两字节保留字符。

（10）ASDUNumber：ASDU 数量，定义了一帧 SV 报文中传输几个采样点，一般为 1。

（11）svID：SV 应用层全局唯一性 ID。

（12）SampleCount：采样序号。

（13）ConfigRev：配置版本号，实际应用中 SV 采用静态配置，不会变化。

（14）SampleSync：同步标志，标识合并单元当前是否正确接收到了同步信号，当合并单元丢失同步信号且超出自守时准确度范围后该标识应被设置为 FALSE 状态。

（15）SequenceofData：采样数据长度。

（16）Datas：采样数据，每个通道占用 8 个字节（4 字节值加上 4 字节品质）。

图 3−24　SV 报文结构

第四节　GOOSE 规约及典型报文分析

GOOSE 规约用于在数据变化时发送报文，让对侧 IED 知道状态已经变位和最近状态变位的时间。

GOOSE 报文发送机制如图 3−25 所示，当数据变化（称为事件）时，以较短的时间间隔 T_1、T_1、T_2、T_3 连续发送报文，以保证单帧或多帧报文的丢失不会造成遗漏，然后以较长时间间隔 T_0 连续发送报文，以保持链路接通，以免对侧 IED 以为链路中断了。

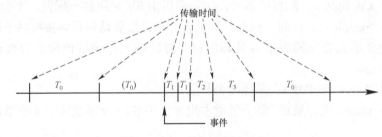

图 3−25　GOOSE 报文发送机制

GOOSE 服务的 SCSM 在 IEC 61850−8−1《变电所的通信网络和系统　第8−1 部分：专用通信设施映射（SCSM）　多媒体短信服务（MMS）（ISO 9506−1

和 ISO 9506 - 2）和 ISO/IEC 8802 - 3 的映像》中定义，GOOSE 服务及协议见表 3 - 6 和表 3 - 7。

表 3 - 6　　　　　　　　GOOSE 应用协议集的服务和协议

OSI 模型层	规范		
	名称	服务规范	协议规范
应用层	GSE/GOOSE 协议	参见 IEC 61850 - 8 - 1《变电所的通信网络和系统　第 8 - 1 部分：专用通信设施映像（SCSM）多媒体短信服务（MMS）(ISO 9506 - 1 和 ISO 9506 - 2）和 ISO/IEC 8802 - 3 上的映像》中的相关内容	
表示层	面向连接的表示层	空	
会话层			

表 3 - 7　　　　　　　　GOOSE 传输协议集的服务和协议

OSI 模型层	规范	
	名称	服务规范
传输层		
网络层		
数据链路层	优先级标志/虚拟局域网	IEEE Std 802.IQ《虚拟局域网特定部分》
物理层	载波侦听多路访问/碰撞检测（CSMA/CD）	CSA ISO/IEC 8802 - 3 - 02 - CAN/CSA - 2002《信息技术　系统间的电信和信息交换　局域网和城域网特殊要求　第 3 部分：带碰撞检测的载波侦听多址访问（CSMA/CD）存取方法及物理层规范》
物理层（可选 1）	10/100M 双绞线以太网	ISO/IEC 8802 - 3：2001《信息处理系统　区域网络　第 3 部分：具有冲突检测的载波检波复合存取的存取方法和物理层规范》
	用于 ISDN 基本接入接口的连接器[a]	ISO/IEC 8877—1992《信息技术信通间远程通信和信息交换以 S 和 T 参考点定位的 ISDN 基本访问接口用的接口连接器和接触件分配》
物理层（可选 2）	100M 光纤以太网	CSA CAN/CSA ISO/IEC 8802 - 3 - 02—2002《信息技术　系统间的电信和信息交换　局域网和城域网特殊要求　第 3 部分：带碰撞检测的载波侦听多址访问（CSMA/CD）存取方法及物理层规范》
	基本光纤连接器[b]	KS CIEC 60874 - 10 - 1—2003（2008）《多模光纤连接器详细规范》、KS CIEC 60874 - 10 - 2—2003（2008）《单模光纤连接器详细规范》

　[a]　这是用于 10M 双绞线连接器的规范。
　[b]　这是用于 ST 连接器的规范。

GOOSE 报文结构如图 3 - 26 所示。其中，（除与 SV 报文相同的部分之外）各段数据说明如下：

（1）EthernetType：以太网类型，GOOSE 报文固定为 0x88B8。

（2）GOOSE ControlReference：GOOSE 控制块的全路径。

（3）TTL：允许生存时间，每个报文都带有允许生存时间，用于通知接收方等待下一次重传的最长时间，如在该时间间隔内没有收到新报文，接收方将认为关联丢失。

（4）DataSet：GOOSE 报文传输的 DataSet。

（5）GCID：GOOSE 应用层全局唯一性 ID。

（6）EventTimestamp：事件时间戳，即时间发生的绝对时间。

（7）stNum：状态号，IED 复位后从 1 开始，每发生一次事件加 1。

（8）sqNum：序列号，每发送一帧 GOOSE 报文加 1，新事件的第一帧清 0。

（9）TestMode：检修标记，置 1 表示处于检修状态，置 0 表示处于正常运行状态。

（10）NeedsCommissioning：要求重新配置标记，置 1 有效，不过实际应用时 GOOSE 采用静态配置，运行过程中不会发生修改，因此一般固定为 0。

（11）SampleSync：同步标志，标识合并单元当前是否正确接收到了同步信号，当合并单元丢失同步信号且超出自守时准确度范围后该标识应被设置为 FALSE 状态。

1）SequenceofData：采样数据长度。

2）EntriesNumber：通道数量。

3）Datas：通道数据，每个通道长度由其类型决定。

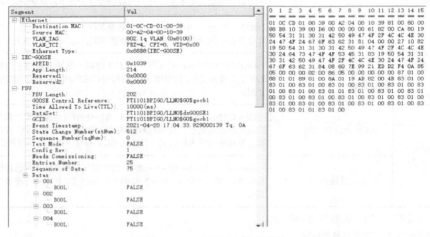

图 3-26　GOOSE 报文结构

第四章

常用测控装置介绍

变电站自动化是电网实现测量和控制的基础,通过现代信息、通信和控制技术,实现对变电站一次、二次设备的自动监视、测量、控制以及与调度通信等综合性的自动化功能。变电站测控装置是厂站计算机监控系统的信息采集、数据处理及控制单元,遵循 DL/T 860 系列标准,支持模拟量采样、数字量采样、模型导入和导出,具备交流电气量采集、开关量采集、控制输出、防误闭锁、设备状态监测等功能。

第一节 "四统一"测控装置

随着智能电网进入加速发展期,电网特征和运行特性正在发生深刻变化,对调度机构驾驭大电网的能力和大范围资源优化配置的能力提出了新的更高的要求。变电站作为智能电网信息化、自动化、互动化特征要求的具体实现,其自动化设备的基础支撑作用愈发重要。2015 年,国家电网有限公司组织开展智能变电站自动化设备标准化工作,通过对测控装置统一外观接口、统一信息模型、统一通信服务、统一监控图像,规范参数配置、规范应用功能、规范版本管理、规范质量控制,达到实现变电站自动化设备标准化、监控系统功能规范化、运行检修维护效率最大化,装置的功能和性能大幅度提升,进一步引领智能变电站自动化技术发展方向。

一、应用分类

"四统一"测控装置根据交流电气量采样、开关量采集和控制出口方式的不同,分为数字测控装置和模拟测控装置。数字测控装置按照应用情况共分为 3 类:间隔测控、3/2 接线测控、母线测控,具体分类见表 4-1。

表 4-1　　　　　　　　　　　数字测控装置应用分类

序号	类型	应用分类	应用型号	适用场合
1		间隔测控	DA-1	主要应用于线路、断路器、高压电抗器、主变压器单侧加本体等间隔
2	测控装置	3/2 接线测控	DA-2	主要应用于 330kV 及以上电压等级线路加边断路器间隔
3		母线测控	DA-4	主要应用于母线分段或低压母线加公用间隔

模拟测控装置按照应用情况共分为 3 类：间隔测控、母线测控、公用测控，具体分类见表 4-2。

表 4-2　　　　　　　　　　　模拟测控装置应用分类

序号	类型	应用分类	应用型号	适用场合
1		间隔测控	G-1、GA-1	主要应用于线路、断路器、高压电抗器、主变压器单侧加本体等间隔
2	测控装置	母线测控	G-4、GA-4	主要应用于母线分段间隔
3		公用测控	G-3	主要应用于所变加公用间隔

二、外观及结构

"四统一"测控装置采用 4U 整层机箱，装置硬件采用模块化、标准化、插件式结构，除电源模块和 CPU 模块外任何一个模块故障时，不应影响其他模块的正常工作。

"四统一"测控装置具备 6 路 LED 指示灯，指示灯定义和排列顺序见表 4-3。

表 4-3　　　　　　　　　　　装 置 指 示 灯 定 义

序号	名称	颜色	点亮条件	正常运行状态
1	运行	绿色	装置上电自检通过，则常亮；装置由于硬件或是软件出现异常时导致装置不能工作或部分功能缺失时，处于常灭状态	亮
2	告警	红色	装置由于硬件、软件或是配置出现异常时则常亮；装置检修和对时异常时不亮告警灯	灭
3	检修	红色	装置检修硬压板投入时则常亮	灭
4	对时异常	红色	对时服务状态异常为 1 时则常亮	灭
5	就地状态	绿色	装置处于就地控制状态则常亮	灭
6	解除闭锁	绿色	装置处于解锁状态时则常亮	灭

"四统一"测控装置具备液晶显示功能，液晶尺寸为 4.7 寸，显示分辨率为 320×240。人机交互区配置键盘或触摸屏，键盘具备 9 个功能按键：向上、向下、向左、向右、加、减、确认、取消和预留。装置按键的印字和功能定义见表 4-4。

表 4-4 装 置 按 键 功 能 定 义

序号	按键名称	按键印字	按键功能
1	向上键	▲	光标往上移动
2	向下键	▼	光标往下移动
3	向左键	◄	光标往左移动
4	向右键	►	光标往右移动
5	加键	＋	数字加 1 操作
6	减键	—	数字减 1 操作
7	确认键	确认	确认执行操作
8	取消键	取消	取消操作（从主画面进入菜单）
9	预留键		预留按键（无印字）

　　"四统一"测控装置面板配置有铭牌标识，注明生产厂家、装置型号、电源电压、出厂编号和装置硬件板卡二维码信息等。

　　"四统一"测控装置具备远方/就地切换功能，切换功能通常通过屏上的把手或压板实现。测控装置具备联锁/解锁切换功能，切换功能通常通过屏上的把手或压板实现。

　　"四统一"测控装置至少具备 2 个独立的站控层 MMS 接口，通常采用 RJ45 电接口。有过程层网络时装置配置有 GOOSE 或 SV 采样值接口，通常采用 LC 光纤接口。测控装置网络通信介质通常采用多模光纤或屏蔽双绞线。测控装置 IRIG-B 码对时接口通常采用 RS485 差分 B 码或 ST 光纤接口。

　　"四统一"测控装置的硬触点信号输入回路的额定电压为直流 220V 或直流 110V，且满足额定电压 55%以下可靠不动作、额定电压 70%以上可靠动作的要求。测控装置的控制输出触点容量为 220V AC/DC，连续载流能力 5A。测控装置具备装置故障和装置告警信号输出触点。测控装置运行灯灭时导通装置故障触点，告警灯亮时导通装置告警触点。

　　"四统一"测控装置面板布局如图 4-1 或图 4-2 所示，装置面板布局示意图只表示各个区域在装置面板上的左右上下的相对位置，并不表示绝对位置。可根据实际需要调整各个区域的大小和位置，各个区域的相对位置不应改变。

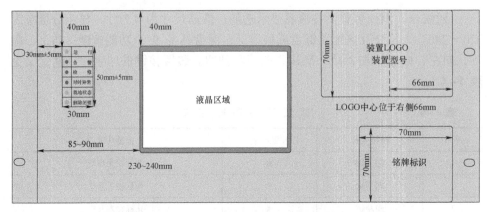

图 4-1 无按键装置面板布局示意图

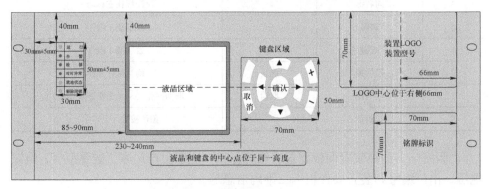

图 4-2 装置面板布局示意图

"四统一"测控装置通常配置电源板卡、CPU 板卡、通信板卡、开入板卡、开出板卡、直流板卡和交流板卡，测控装置背板布局总体要求：

（1）开入、开出、直流、电源、交流板卡的位置偏差不大于±25mm，站控层通信和过程层通信板卡布置在机箱中部，位置偏差不大于±50mm。

（2）开入板卡连接器采用 28 芯，端子间距 6.35mm，信号定义从左至右，顺序下排，第 28 芯为公共端。

（3）开出插件的连接器采用 28 芯，共定义 7 组对象开出，信号定义从上至下，顺序下排。

（4）交流插件连接器采用 24 芯矩形连接器。

（5）电源插件统一布置在机箱最左侧，具备电源开关，使用 5.08mm 间距的10 芯端子，该端子顶端到装置底部距离小于或等于 130mm。

1. 数字测控装置背板布局

数字采样、GOOSE 跳合闸功能的测控装置后背板图如图 4-3 所示，端子信号排布如图 4-4 所示。

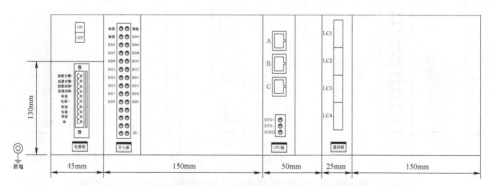

图 4－3 数字采样、GOOSE 跳合闸功能的测控装置后背板图

电源板		开入板				CPU板			通信板		
		01	检修+	就地+	02						
		03	解锁+	开入04+	04						
01	装置告警+	05	开入05+	开入06+	06						
02	装置告警−	07	开入07+	开入08+	08		A	以太网		LC1	过程层光口
03	装置故障+	09	开入09+	开入10+	10						
04	装置故障−	11	开入11+	开入12+	12		B			LC2	
05	空	13	开入13+	开入14+	14						
06	电源+	15	开入15+	开入16+	16		C			LC3	
07	空	17	开入17+	开入18+	18	SYN+		对时		LC4	
						SYN−					
08	电源−	19	开入19+	开入20+	20	SGND					
09	空	21			22						
10	地	23			24						
		25			26						
		27		开入−	28						

图 4－4 数字采样、GOOSE 跳合闸功能的测控装置后端子定义图

2. 模拟采样、GOOSE 跳合闸间隔测控装置背板布局

模拟采样、GOOSE 跳合闸功能的间隔测控装置后背板图如图 4－5 所示，模拟采样、GOOSE 跳合闸功能的间隔测控装置后端子定义图如图 4－6 所示。

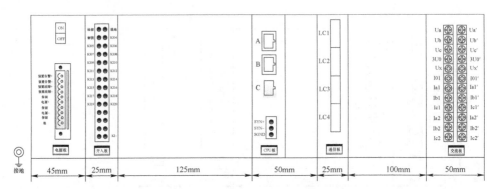

图 4−5　模拟采样、GOOSE 跳合闸功能的间隔测控装置后背板图

电源板		开入板				CPU板		通信板		交流板			
		01	检修+	就地+	02								
		03	解锁+	开入04+	04								
01	装置告警+	05	开入05+	开入06+	06					01	Ua	Ua′	02
02	装置告警−	07	开入07+	开入08+	08					03	Ub	Ub′	04
03	装置故障+	09	开入09+	开入10+	10	A	以太网	LC1	过程层光口	05	Uc	Uc′	06
04	装置故障−	11	开入11+	开入12+	12	B		LC2		07	3U0	3U0′	08
05	空	13	开入13+	开入14+	14	C		LC3		09	Ux	Ux′	10
06	电源+	15	开入15+	开入16+	16			LC4		11	I01	I01′	12
07	空	17	开入17+	开入18+	18	SYN+	对时			13	Ia1	Ia1′	14
08	电源−	19	开入19+	开入20+	20	SYN−				15	Ib1	Ib1′	16
09	空	21			22	SGND				17	Ic1	Ic1′	18
10	地	23			24					19	Ia2	Ia2′	20
		25			26					21	Ib2	Ib2′	22
		27		开入−	28					23	Ic2	Ic2′	24

图 4−6　模拟采样、GOOSE 跳合闸功能的间隔测控装置后端子定义图

3．模拟采样、GOOSE 跳合闸母线测控装置背板布局

模拟采样、GOOSE 跳合闸功能的母线测控装置后背板图如图 4−7 所示，模

拟采样 GOOSE 跳开入开出母线测控装置后端子定义图如图 4-8 所示。

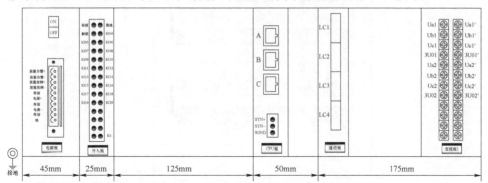

图 4-7　模拟采样、GOOSE 跳合闸功能的母线测控装置后背板图

电源板		开入板				CPU板		通信板	交流板			
		01	检修+	就地+	02							
		03	解锁+	开入04+	04							
01	装置告警+	05	开入05+	开入06+	06				01	Ua1	Ua1′	02
02	装置告警-	07	开入07+	开入08+	08				03	Ub1	Ub1′	04
03	装置故障+	09	开入09+	开入10+	10	A	以太网	LC1	05	Uc1	Uc1′	06
04	装置故障-	11	开入11+	开入12+	12	B		LC2	07	3U01	3U01′	08
05	空	13	开入13+	开入14+	14	C		LC3	09	Ua2	Ua2′	10
06	电源+	15	开入15+	开入16+	16			LC4	11	Ub2	Ub2′	12
07	空	17	开入17+	开入18+	18	SYN+	对时	过程层光口	13	Uc2	Uc2′	14
08	电源-	19	开入19+	开入20+	20	SYN-			15	3U02	3U02′	16
09	空	21			22	SGND			17			18
10	地	23			24				19			20
		25			26				21			22
		27		开入-	28				23			24

图 4-8　模拟采样 GOOSE 跳开入开出母线测控装置后端子定义图

4. 公用测控装置背板布局

公用测控装置后背板图如图 4-9 所示，公用测控装置后端子定义图如图 4-10 和图 4-11 所示。

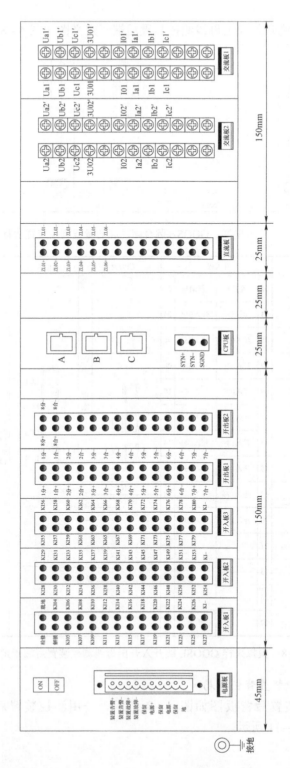

图 4 - 9　公用测控装置后背板图

电源板		开入板1				开入板2				开入板3		
		01	检修+	就地+	02	01	开入28+	开入29+	02	01	开入55+	开入56+	02
		03	解锁+	开入04+	04	03	开入30+	开入31+	04	03	开入57+	开入58+	04
01	装置告警+	05	开入05+	开入06+	06	05	开入32+	开入33+	06	05	开入59+	开入60+	06
02	装置告警−	07	开入07+	开入08+	08	07	开入34+	开入35+	08	07	开入61+	开入62+	08
03	装置故障+	09	开入09+	开入10+	10	09	开入36+	开入37+	10	09	开入63+	开入64+	10
04	装置故障−	11	开入11+	开入12+	12	11	开入38+	开入39+	12	11	开入65+	开入66+	12
05	空	13	开入13+	开入14+	14	13	开入40+	开入41+	14	13	开入67+	开入68+	14
06	电源+	15	开入15+	开入16+	16	15	开入42+	开入43+	16	15	开入69+	开入70+	16
07	空	17	开入17+	开入18+	18	17	开入44+	开入45+	18	17	开入71+	开入72+	18
08	电源−	19	开入19+	开入20+	20	19	开入46+	开入47+	20	19	开入73+	开入74+	20
09	空	21	开入21+	开入22+	22	21	开入48+	开入49+	22	21	开入75+	开入76+	22
10	地	23	开入23+	开入24+	24	23	开入50+	开入51+	24	23	开入77+	开入78+	24
		25	开入25+	开入26+	26	25	开入52+	开入53+	26	25	开入79+	开入80+	26
		27	开入27+	开入−	28	27	开入54+	开入−	28	27		开入−	28

图4-10　公用测控装置后端子定义图1

开出板1				开出板2				CPU板	直流板				交流板2				交流板1			
01	遥控01分+	遥控01分−	02	01	遥控08分+	遥控08分−	02		01	直流1+	直流1−	02								
03	遥控01合+	遥控01合−	04	03	遥控08合+	遥控08合−	04		03	直流2+	直流2−	04								
05	遥控02分+	遥控02分−	06	05			06		05	直流3+	直流3−	06	01	Ua2	Ua2'	02	01	Ua1	Ua1'	02
07	遥控02合+	遥控02合−	08	07			08		07	直流4+	直流4−	08	03	Ub2	Ub2'	04	03	Ub1	Ub1'	04
09	遥控03分+	遥控03分−	10	09			10	A	09	直流5+	直流5−	10	05	Uc2	Uc2'	06	05	Uc1	Uc1'	06
11	遥控03合+	遥控03合−	12	11			12	B	11	直流6+	直流6−	12	07	3U02	3U02'	08	07	3U01	3U01'	08
13	遥控04分+	遥控04分−	14	13			14	C	13			14	09			10	09			10
15	遥控04合+	遥控04合−	16	15			16	以太网	15			16	11	I02	I02'	12	11	I01	I01'	12
17	遥控05分+	遥控05分−	18	17			18	SYN+	17			18	13	Ia2	Ia2'	14	13	Ia1	Ia1'	14
19	遥控05合+	遥控05合−	20	19			20	SYN−　对时	19			20	15	Ib2	Ib2'	16	15	Ib1	Ib1'	16
21	遥控06分+	遥控06分−	22	21			22	SGND	21			22	17	Ic2	Ic2'	18	17	Ic1	Ic1'	18
23	遥控06合+	遥控06合−	24	23			24		23			24	19			20	19			20
25	遥控07分+	遥控07分−	26	25			26		25			26	21			22	21			22
27	遥控07合+	遥控07合−	28	27			28		27			28	23			24	23			24

图4-11　公用测控装置后端子定义图2

5. 模拟采样、硬触点跳合闸间隔测控装置背板布局

模拟采样、硬触点跳合闸间隔测控装置后背板图如图4-12所示，模拟采样硬触点开入开出间隔测控装置后端子定义图如图4-13和图4-14所示。

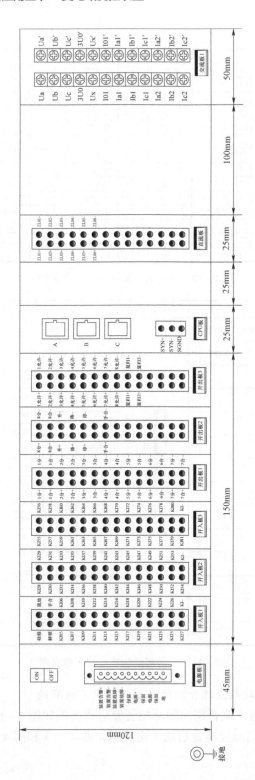

图 4-12　模拟采样、硬触点跳合闸间隔测控装置后背板图

电源板		开入板1				开入板2				开入板3			
		01	检修+	就地+	02	01	开入28+	开入29+	02	01	开入55+	开入56+	02
		03	解锁+	手合同期+	04	03	开入30+	开入31+	04	03	开入57+	开入58+	04
01	装置告警+	05	断路器总位置合位+	断路器总位置分位+	06	05	开入32+	开入33+	06	05	开入59+	开入60+	06
02	装置告警-	07	断路器A相位置合位+	断路器A相位置分位+	08	07	开入34+	开入35+	08	07	开入61+	开入62+	08
03	装置故障+	09	断路器B相位置合位+	断路器B相位置分位+	10	09	开入36+	开入37+	10	09	开入63+	开入64+	10
04	装置故障-	11	断路器C相位置合位+	断路器C相位置分位+	12	11	开入38+	开入39+	12	11	开入65+	开入66+	12
05	空	13	对象2位置合位+	对象2位置分位+	14	13	开入40+	开入41+	14	13	开入67+	开入68+	14
06	电源+	15	对象3位置合位+	对象3位置分位+	16	15	开入42+	开入43+	16	15	开入69+	开入70+	16
07	空	17	对象4位置合位+	对象4位置分位+	18	17	开入44+	开入45+	18	17	开入71+	开入72+	18
08	电源-	19	对象5位置合位+	对象5位置分位+	20	19	开入46+	开入47+	20	19	开入73+	开入74+	20
09	空	21	对象6位置合位+	对象6位置分位+	22	21	开入48+	开入49+	22	21	开入75+	开入76+	22
10	地	23	对象7位置合位+	对象7位置分位+	24	23	开入50+	开入51+	24	23	开入77+	开入78+	24
		25	对象8位置合位+	对象8位置分位+	26	25	开入52+	开入53+	26	25	开入79+	开入80+	26
		27	开入27+	开入-	28	27	开入54+	开入-	28	27	开入81+	开入-	28

图 4-13　模拟采样硬触点开入开出间隔测控装置后端子定义图 1

开出板1				开出板2				开出板3				CPU板	直流板				交流板2			
01	断路器分开出+	断路器分开出−	02	01	对象8分开出+	对象8分开出−	02	01	断路器操作允许+	断路器操作允许−	02		01	直流1+	直流1−	02				
03	断路器合开出+	断路器合开出−	04	03	对象8合开出+	对象8合开出−	04	03	对象2操作允许+	对象2操作允许−	04		03	直流2+	直流2−	04				
05	对象2分开出+	对象2分开出−	06	05	调压升开出+	调压升开出−	06	05	对象3操作允许+	对象3操作允许−	06		05	直流3+	直流3−	06	01	Ua	Ua'	02
07	对象2合开出+	对象2合开出−	08	07	调压降开出+	调压降开出−	08	07	对象4操作允许+	对象4操作允许−	08		07	直流4+	直流4−	08	03	Ub	Ub'	04
09	对象3分开出+	对象3分开出−	10	09	调压急停开出+	调压急停开出−	10	09	对象5操作允许+	对象5操作允许−	10	A	09	直流5+	直流5−	10	05	Uc	Uc'	06
11	对象3合开出+	对象3合开出−	12	11			12	11	对象6操作允许+	对象6操作允许−	12	B	11	直流6+	直流6−	12	07	3U0	3U0'	08
13	对象4分开出+	对象4分开出−	14	13	手合同期开出+	手合同期开出−	14	13	对象7操作允许+	对象7操作允许−	14	C	13			14	09	Ux	Ux'	10
15	对象4合开出+	对象4合开出−	16	15			16	15	对象8操作允许+	对象8操作允许−	16	以太网	15			16	11	I01	I01'	12
17	对象5分开出+	对象5分开出−	18	17			18	17	复归开出1+	复归开出1−	18	SYN+	17			18	13	Ia1	Ia1'	14
19	对象5合开出+	对象5合开出−	20	19			20	19	复归开出2+	复归开出2−	20	SYN−	19			20	15	Ib1	Ib1'	16
21	对象6分开出+	对象6分开出−	22	21			22	21			22	SGND	21			22	17	Ic1	Ic1'	18
23	对象6合开出+	对象6合开出−	24	23			24	23			24	对时	23			24	19	Ia2	Ia2'	20
25	对象7分开出+	对象7分开出−	26	25			26	25			26		25			26	21	Ib2	Ib2'	22
27	对象7合开出+	对象7合开出−	28	27			28	27			28		27			28	23	Ic2	Ic2'	24

图4-14　模拟采样硬触点开入开出间隔测控装置后端子定义图2

6. 模拟采样、硬触点跳合闸母线测控装置背板布局

模拟采样硬触点开入开出母线测控装置后背板图如图4-15所示,模拟采样硬触点开入开出母线测控装置后端子定义图如图4-16和图4-17所示。

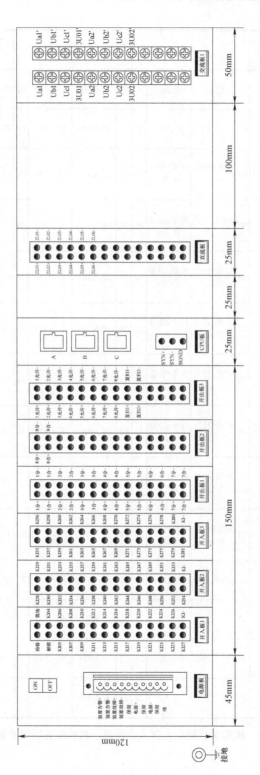

图 4-15　模拟采样硬触点开入开出母线测控装置后背板图

电源板		开入板1				开入板2				开入板3			
		01	检修+	就地+	02	01	开入28+	开入29+	02	01	开入55+	开入56+	02
		03	解锁+	开入4+	04	03	开入30+	开入31+	04	03	开入57+	开入58+	04
01	装置告警+	05	对象1位置合位+	对象1位置分位+	06	05	开入32+	开入33+	06	05	开入59+	开入60+	06
02	装置告警-	07	对象2位置合位+	对象2位置分位+	08	07	开入34+	开入35+	08	07	开入61+	开入62+	08
03	装置故障+	09	对象3位置合位+	对象3位置分位+	10	09	开入36+	开入37+	10	09	开入63+	开入64+	10
04	装置故障-	11	对象4位置合位+	对象4位置分位+	12	11	开入38+	开入39+	12	11	开入65+	开入66+	12
05	空	13	对象5位置合位+	对象5位置分位+	14	13	开入40+	开入41+	14	13	开入67+	开入68+	14
06	电源+	15	对象6位置合位+	对象6位置分位+	16	15	开入42+	开入43+	16	15	开入69+	开入70+	16
07	空	17	对象7位置合位+	对象7位置分位+	18	17	开入44+	开入45+	18	17	开入71+	开入72+	18
08	电源-	19	对象8位置合位+	对象8位置分位+	20	19	开入46+	开入47+	20	19	开入73+	开入74+	20
09	空	21	开入21+	开入22+	22	21	开入48+	开入49+	22	21	开入75+	开入76+	22
10	地	23	开入23+	开入24+	24	23	开入50+	开入51+	24	23	开入77+	开入78+	24
		25	开入25+	开入26+	26	25	开入52+	开入53+	26	25	开入79+	开入80+	26
		27	开入27+	开入-	28	27	开入54+	开入-	28	27	开入81+	开入-	28

图 4-16 模拟采样硬触点开入开出母线测控装置后端子定义图 1

开出板1				开出板2				开出板3				CPU板		直流板				交流板2			
01	对象1分开出+	对象1分开出-	02	01	对象8分开出+	对象8分开出-	02	01	断路器操作允许+	断路器操作允许-	02			01	直流1+	直流1-	02				
03	对象1合开出+	对象1合开出-	04	03	对象8合开出+	对象8合开出-	04	03	对象2操作允许+	对象2操作允许-	04			03	直流2+	直流2-	04				
05	对象2分开出+	对象2分开出-	06	05			06	05	对象3操作允许+	对象3操作允许-	06			05	直流3+	直流3-	06	01	Ua1	Ua1'	02
07	对象2合开出+	对象2合开出-	08	07			08	07	对象4操作允许+	对象4操作允许-	08			07	直流4+	直流4-	08	03	Ub1	Ub1'	04
09	对象3分开出+	对象3分开出-	10	09			10	09	对象5操作允许+	对象5操作允许-	10			09	直流5+	直流5-	10	05	Uc1	Uc1'	06
11	对象3合开出+	对象3合开出-	12	11			12	11	对象6操作允许+	对象6操作允许-	12	A	以太网	11	直流6+	直流6-	12	07	3U01	3U01'	08
13	对象4分开出+	对象4分开出-	14	13			14	13	对象7操作允许+	对象7操作允许-	14	B		13			14	09	Ua2	Ua2'	10
15	对象4合开出+	对象4合开出-	16	15			16	15	对象8操作允许+	对象8操作允许-	16	C		15			16	11	Ub2	Ub2'	12
																		13	Uc2	Uc2'	14
17	对象5分开出+	对象5分开出-	18	17			18	17	复归开出1+	复归开出1-	18	SYN+	对时	17			18	15	3U02	3U02'	16
19	对象5合开出+	对象5合开出-	20	19			20	19	复归开出2+	复归开出2-	20	SYN- / SGND		19			20	17			18
21	对象6分开出+	对象6分开出-	22	21			22	21			22			21			22	19			20
23	对象6合开出+	对象6合开出-	24	23			24	23			24			23			24	21			22
																		23			24
25	对象7分开出+	对象7分开出-	26	25			26	25			26			25			26				
27	对象7合开出+	对象7合开出-	28	27			28	27			28			27			28				

图 4-17　模拟采样硬触点开入开出母线测控装置后端子定义图 2

三、装置功能

测控装置通常具备以下基本功能：

（1）交流电气量采集功能。

（2）状态量采集功能。

（3）GOOSE 模拟量采集功能。

（4）控制功能。

（5）同期功能。

（6）防误逻辑闭锁功能。

（7）记录存储功能。

（8）通信功能。

（9）对时功能。

（10）运行状态监测管理功能。

1. 交流电气量采集

测控装置交流电气量采集满足以下要求：

（1）支持模拟量采样或接收 DL/T 860.92—2016《电力自动化通信网络和系统　第 9－2 部分：特定通信服务映射（SCSM）－基于 ISO/IEC 8802－3 的采样值》中的关于采样值的两种数据采样方式，支持选择一种采样方式实现交流电气量采集。

（2）能计算相电压、线电压、零序电压、电流有效值，计算有功功率、无功功率、功率因数、频率等电气量。

（3）遥测数据带品质位，品质位定义应符合 DL/T 860.81—2016《电力自动化通信网络和系统　第 8－1 部分：特定通信服务映射（SCSM）－映射到 MMS（ISO 9506－1 和 ISO 9506－2）及 ISO/IEC 8802－3》规范。

（4）采用 DL/T 860.92—2016《电力自动化通信网络和系统　第 9－2 部分：特定通信服务映射（SCSM）－基于 ISO/IEC 8802－3 的采样值》中规定的采样值报文品质及异常处理功能：

1）具备转发 DL/T 860.92—2016《电力自动化通信网络和系统　第 9－2 部分：特定通信服务映射（SCSM）－基于 ISO/IEC 8802－3 的采样值》中规定的采样值报文的无效、失步、检修品质功能。

2）具备对 DL/T 860.92—2016《电力自动化通信网络和系统　第 9－2 部分：特定通信服务映射（SCSM）－基于 ISO/IEC 8802－3 的采样值》中规定的采样值报文有效性判别功能，连续 8ms 接收到采样值报文与配置不一致时，触发 SV 总告警，点亮装置告警灯，报文恢复正常后 1s 返回。

3）具备接收多个合并单元采样值报文功能，在组网方式下通过采样值序号进行同步对齐；接收到的采样值报文置失步品质或多个合并单元采样值序号偏差超过 16 个数据点时，不再进行同步对齐处理，独立计算各采样通道的电压、电流量，与同步相关的功率、和电流、功率因数等测量保持失步前数值，并置无效品质，同时产生采样值失步告警，并触发 SV 总告警，点亮装置告警灯，报文恢复正常后 1s 告警返回，功率、和电流、功率因数等测量正常计算。

4）接收的采样值报文在 1s 内累计丢点数大于 8 个采样点时产生 SV 丢点告警，并触发 SV 总告警，点亮装置告警灯，采样值报文恢复正常后告警信号延时 10s 返回。

5）在 DL/T 860.92—2016《电力自动化通信网络和系统　第 9–2 部分：特定通信服务映射（SCSM）–基于 ISO/IEC 8802–3 的采样值》中规定的报文中断时，保持对应通道及其相关计算测量值，并置位无效品质；连续 8ms 接收不到采样值报文判断为中断告警，采样值报文恢复正常后告警信号延时 1s 返回。

6）接收 DL/T 860.92—2016《电力自动化通信网络和系统　第 9–2 部分：特定通信服务映射（SCSM）–基于 ISO/IEC 8802–3 的采样值》中规定的采样值报文品质无效时量测数据正常计算，转发无效品质；连续 8ms 接收到品质无效的采样值无效报文时触发 SV 总告警，点亮装置告警灯，采样值报文恢复正常后 1s 返回。

（5）采用 DL/T 860.92—2016《电力自动化通信网络和系统　第 9–2 部分：特定通信服务映射（SCSM）–基于 ISO/IEC 8802–3 的采样值》中规定的采集交流电气量时具备 3/2 接线方式和电流及和功率计算功能，3/2 接线测控装置和电流及和功率处理逻辑见表 4–5，满足以下要求：

1）测控装置正常运行状态下，处于检修状态的电压或电流采样值不参与和电流与和功率计算，和电流、和功率与非检修合并单元的品质保持一致，电压、边断路器电流、中断路器电流同时置检修品质时，和电流与和功率值为 0，不置检修品质。

2）测控装置检修状态下，和电流及和功率正常计算，不考虑电压与电流采样值检修状态，电压、电流、功率等电气量置检修品质。

（6）具备根据三相电压计算零序电压功能和采集外接零序电压功能，优先采用外接零序电压。

（7）具备零值死区设置功能，当测量值在该死区范围内时为零。

（8）具备变化死区设置功能，当测量值变化超过该死区时上送该值，装置液晶应显示实际测量值，不受变化死区控制。

（9）死区通过装置参数方式整定，不使用模型中的配置。

（10）支持测量值取代服务。

（11）具备带时标上送测量值功能，测量数据窗时间不应大于 200ms，时标标定在测量数据窗的起始时刻。

（12）具备 TA 断线检测功能，TA 断线判断逻辑应为：电流任一相小于 $0.5\%I_n$，且负序电流及零序电流大于 $10\%I_n$。

表 4-5　　　　　　　　3/2 接线测控装置和电流及和功率处理逻辑

边断路器电流合并单元检修状态	中断路器电流合并单元检修状态	电压合并单元检修状态	测控检修状态	边开关间隔电流品质	中开关间隔电流品质	出线电压品质	和电流数值	和电流品质	和功率数值	和功率品质
0	0	0	0	不检修	不检修	不检修	边开关+中开关	不检修	实际计算	不检修
1	0	0	0	检修	不检修	不检修	中开关	不检修	实际计算	不检修
0	1	0	0	不检修	检修	不检修	边开关	不检修	实际计算	不检修
1	1	0	0	检修	检修	不检修	0	不检修	0	不检修
0	0	1	0	不检修	不检修	检修	边开关+中开关	不检修	0	不检修
1	0	1	0	检修	不检修	检修	中开关	不检修	0	不检修
0	1	1	0	不检修	检修	检修	边开关	不检修	0	不检修
1	1	1	0	检修	检修	检修	0	不检修	0	不检修
0	0	0	1	检修	检修	检修	边开关+中开关	检修	实际计算	检修
1	0	0	1	检修	检修	检修	边开关+中开关	检修	实际计算	检修
0	1	0	1	检修	检修	检修	边开关+中开关	检修	实际计算	检修
1	1	0	1	检修	检修	检修	边开关+中开关	检修	实际计算	检修
0	0	1	1	检修	检修	检修	边开关+中开关	检修	实际计算	检修
1	0	1	1	检修	检修	检修	边开关+中开关	检修	实际计算	检修
0	1	1	1	检修	检修	检修	边开关+中开关	检修	实际计算	检修
1	1	1	1	检修	检修	检修	边开关+中开关	检修	实际计算	检修

2. 状态量采集

测控装置状态量采集满足以下要求：

（1）状态量输入信号支持 GOOSE 报文或硬触点信号，GOOSE 报文符合 DL/T 860.81—2016《电力自动化通信网络和系统 第 8 - 1 部分：特定通信服务映射（SCSM）- 映射到 MMS（ISO 9506 - 1 和 ISO 9506 - 2）及 ISO/IEC 8802 - 3》。

（2）状态量输入信号为硬触点时，输入回路采用光电隔离，具备软硬件防抖功能，且防抖时间可整定。

（3）具备事件顺序记录（SOE）功能，状态量输入信号为硬触点时，状态量的时标由本装置标注，时标标注为消抖前沿。

（4）遥信数据带品质位，状态量输入信号为 GOOSE 报文时。

1）具备转发 GOOSE 报文的有效、检修品质功能。

2）具备对 GOOSE 报文状态量、时标、通信状态的监视判别功能，GOOSE 报文的性能满足 DL/T 860.81—2016《电力自动化通信网络和系统 第 8 - 1 部分：特定通信服务映射（SCSM）- 映射到 MMS（ISO 9506 - 1 和 ISO 9506 - 2）及 ISO/IEC 8802 - 3》的要求。

3）接收 GOOSE 报文传输的状态量信息时，优先采用 GOOSE 报文内状态量的时标信息。

4）在 GOOSE 报文中断时，装置保持相应状态量值不变，并置相应状态量值的无效品质位。

5）测控装置正常运行状态下，转发 GOOSE 报文中的检修品质；测控装置检修状态下，上送状态量置检修品质，测控装置自身的检修信号及转发智能终端或合并单元的检修信号不置位检修品质。

（5）字符支持状态量取代服务。

（6）具备双位置信号输入功能，支持采集断路器的分相合、分位置和总合、总分位置。需由测控装置生成总分、总合位置时，总分、总合逻辑为：三相有一相为无效态（状态 11），则合成总位置为无效态（状态 11）；三相均不为无效态（状态 11），且至少有一相为过渡态（状态 00），则合成总位置为过渡态（状态 00）；三相均为有效状态（01 或 10）且至少有一相为分位（状态 01），则合成总位置为分位；三相均为合位（状态 10），则合成总位置为合位。

3. GOOSE 模拟量

GOOSE 模拟量采集满足以下要求：

（1）具备接收 GOOSE 模拟量信息并原值上送功能。

（2）具备变化死区设置功能，当测量值变化超过该死区时上送该值。

（3）具备有效、取代、检修等品质上送功能。

4．控制功能

测控装置的控制对象包括断路器、隔离开关、接地开关的分合闸，复归信号，变压器挡位调节、装置自身软压板等，控制功能满足以下要求：

（1）字符控制信号包含 GOOSE 报文输出和硬触点输出。

（2）断路器、隔离开关的分合闸采用选择、返校、执行方式。

（3）支持主变挡位位升、降、急停等调节控制命令，调节方式采用选择、返校、执行方式，通常具备滑档判别功能。

（4）具备控制命令校核、逻辑闭锁及强制解锁功能。

（5）具备设置远方/就地控制方式功能，远方/就地切换通常采用硬件方式，不通过软压板方式进行切换，不判断 GOOSE 上送的远方/就地信号。

（6）控制脉冲宽度可调。

（7）具备远方控制软压板投退功能，软压板控制采用选择、返校、执行方式。

（8）具备生成控制操作记录功能，记录内容应包含命令来源、操作时间、操作结果、失败原因等。测控装置遥控失败原因见表 4-6。

（9）测控装置处于检修状态时，闭锁远方遥控命令，响应测控装置人机界面控制命令，硬触点正常输出，GOOSE 报文输出置检修位。

表 4-6　　　　　　　　　　测控装置遥控失败原因

序号	MMS 值	备　注
1	0	未知
2	1	不支持
3	2	远方条件不满足
4	3	选择操作失败
5	26	遥控执行的参数和选择的不一致
6	8	装置检修
7	10	互锁条件不满足
8	14	操作周期内多对象操作（一个客户端同时控制多个对象）
9	18	对象未被选择
10	19	操作周期内多客户端操作（多个客户端同时控制一个对象）

5．同期功能

装置对断路器的控制具备检同期合闸功能，同期功能满足以下要求：

（1）具备自动捕捉同期点功能，同期导前时间可设置。

（2）具备电压差、相角差、频率差和滑差闭锁功能，阈值可设定。

（3）具备相位、幅值补偿功能。

（4）具备电压、频率越限闭锁功能，电压频率范围通常为 46～54Hz，电压上限通常为额定值 U_n 的 1.2 倍。

（5）具备有电压、无电压判断功能，有电压、无电压阈值可设定。

（6）具备检同期、检无电压、强制合闸方式，收到对应的合闸命令后不自动转换合闸方式；

（7）具备 TV 断线检测及告警功能，TV 断线判断逻辑应为：电流任一相大于 $0.5\%I_n$，同时电压任一相小于 $30\%U_n$ 且正序电压小于 $70\%U_n$；或者负序电压或零序电压（$3U_0$）大于 $10\%U_n$。可通过定值投退 TV 断线闭锁检同期合闸和检无电压功能。TV 断线告警与复归时间统一为 10s，TV 断线闭锁同期产生的同期失败告警展宽 2s。

（8）具备手动合闸同期判别功能，测控装置设置手动同期合 GOOSE 开入和独立的手合同期输出触点。

（9）手合同期判断两侧均有电压，且同期条件满足，不允许采用手合检无电压控制方式。

（10）采用 GOOSE 方式的手合同期不判断装置是否处于就地状态。

（11）基于 DL/T 860 系列标准的同期模型按照检同期、检无压、强制合闸应分别建立不同实例的 CSWI，不采用 CSWI 中 Check（检测参数）的 Sync（同期标志）位区分同期合与强制合，同期合闸方式的切换通过关联不同实例的 CSWI 实现，不采用软压板方式进行切换。

（12）采用 DL/T 860.92—2016《电力自动化通信网络和系统　第 9-2 部分：特定通信服务映射（SCSM）- 基于 ISO/IEC 8802-3 的采样值》规范中的采样值输入时，测控装置同期功能应判断本间隔电压及抽取侧电压无效品质，在 TV 断线闭锁且同期功能投入情况下还应判断电流无效品质，合并单元采样值置无效位时闭锁同期功能；测控装置同期功能应判断本间隔电压及抽取侧电压检修状态，在 TV 断线闭锁且同期功能投入情况下还应判断电流检修状态，合并单元采样值置检修品质而测控装置未置检修时应闭锁同期功能。

（13）采用模拟量采样采集交流电气量时，测控装置不进行电压切换，母线电压切换由外部切换箱实现。采用 DL/T 860.92—2016《电力自动化通信网络和系统　第 9-2 部分：特定通信服务映射（SCSM）- 基于 ISO/IEC 8802-3 的采样值》规范的采样值输入时，电压切换由合并单元实现。

（14）同期信息菜单中的电压频率名称可配置。

6. 逻辑闭锁功能

测控装置具备本间隔闭锁和全站跨间隔联闭锁功能，逻辑闭锁功能满足以下要求：

（1）具备存储防误闭锁逻辑功能，该规则和站控层防误闭锁逻辑规则一致。

（2）具备采集一次、二次设备状态信号、动作信号和测量量，并通过站控层网络采用 GOOSE 服务发送和接收相关的联闭锁信号功能。

（3）具备根据采集和通过网络接收的信号，进行防误闭锁逻辑判断功能，闭锁信号由测控装置通过硬触点或过程层 GOOSE 报文输出。

（4）具备联锁、解锁切换功能，联锁、解锁切换采用硬件方式，不判断 GOOSE 上送的联锁、解锁信号；联锁状态下，测控装置进行的控制操作必须满足防误闭锁条件。

（5）间隔间传输的联闭锁 GOOSE 报文应带品质传输，联闭锁信息的品质统一由接收端判断处理，品质无效时判断逻辑校验不通过。

（6）当间隔间由于网络中断、报文无效等原因不能有效获取相关信息时，判断逻辑校验不通过。

（7）当其他间隔测控装置发送的联闭锁数据置检修状态且本装置未置检修状态时，判断逻辑校验不通过；本测控装置检修，无论其他间隔是否置检修均正常参与逻辑计算。

（8）具备显示和上送防误判断结果功能。

（9）测控装置通常使用监控系统导出的五防规则文件作为间隔层防误规则，"五防"规则文件满足 DL/T 1404—2015《变电站监控系统防止电气误操作技术规范》要求。

7. 记录存储功能

装置记录存储功能满足以下要求：

（1）具备存储 SOE 记录、操作记录、告警记录及运行日志功能。

（2）掉电时，存储信息不丢失。

（3）存储每种记录的条数不少于 256 条。

8. 通信功能

当通信接口为以太网接口时，满足以下要求：

（1）站控层网络为双网冗余设计，且在双网切换时无数据丢失。

（2）与站控层通信遵循 DL/T 860 系列标准。

（3）模型中每个报告控制块的报告实例号个数不少于 16 个，站控层双网冗余连接应使用同一个报告实例号。

（4）测控装置能缓存不少于 64 条带缓存报告。

（5）与过程层通信采用百兆光纤以太网接口，通信协议遵循 DL/T860 系列标准。

（6）具备网络风暴抑制功能，站控层网络接口在 30M 的广播流量下工作正常，过程层网络接口在 50M 的非订阅 GOOSE 报文流量下工作正常。

9.　对时功能

对时功能满足以下要求：

（1）支持接收 IRIG-B 时间同步信号。

（2）具备同步对时状态指示标识，且具有对时信号可用性识别能力。

（3）支持基于 NTP 协议实现自身时间同步管理功能。

（4）支持基于 GOOSE 协议实现过程层设备时间同步管理功能。

（5）支持时间同步管理状态自检信息主动上送功能。

10.　运行状态监测及管理功能

运行状态监测及管理功能满足以下要求：

（1）具备置检修状态功能。

（2）具备自检功能，自检信息包括测控装置异常信号、测控装置电源故障信息、通信异常等，自检信息能够浏览和上传。

（3）具备提供设备基本信息功能，包括测控装置的软件版本号、校验码等。

（4）具备间隔主接线图显示和控制功能，测控装置上电后显示主接线图，告警记录应主动弹出，确认后返回主接线图。

（5）支持测控装置遥测参数、同期参数远方配置。

（6）实时监视测控装置内部温度、内部电源电压、光口功率等，并通过建模上送监测数据。

（7）具备参数配置文件、模型配置文件导出备份功能，支持测控装置同型号插件的直接升级与更换。

（8）具备零序电压越限告警功能，越限定值可设置。

11.　业务安全

测控装置除具备上述 10 项基本功能外，还要求具备业务安全功能，业务安全包含如下：

（1）人机安全。人机安全满足如下要求：

1）身份认证：具备对登录用户进行身份认证功能。

a. 具有登陆失败处理能力，多次登陆失败后闭锁相应操作控制。

b. 登录用户执行重要操作（如检修、修改定值等）时，再次进行身份认证。

c. 调试端口远程访问具有身份认证功能。

2）有效性验证：具备数据有效性检验功能，保证通过人机或通信端口输入的数据格式、长度符合装置设定要求。

（2）通信安全。通信安全满足如下要求：

1）具备间隔层通信端口隔离功能。

2）具备关键会话（参数修改、敏感信息传输等）重放攻击防护功能。

3）满足通信协议健壮性要求。

（3）功能安全。功能安全满足如下要求：

1）具备依据 IP 地址、MAC 地址等属性对连接服务器的客户端进行身份限制功能。

2）具备拒绝异常参数（如非法数据、类型错误数据、超长数据）输入功能，测控装置在异常参数输入时不出现数据出错、装置死机等现象。

3）具备时间戳异常或错序的 GOOSE/SV 数据报文输入告警功能。

4）控制操作：

a. 同一时间不响应多个控制操作命令。

b. 接收异常控制报文时，测控装置能够识别并拒绝服务响应。

5）文件传输：

a. 具备文件上传权限控制功能，防止非法用户上传重要数据。

b. 具备文件下载校验功能，防止病毒、木马等恶意文件下载。

6）日志记录：

a. 具备对用户行为等业务操作事件和重要安全事件进行记录的功能。

b. 日志记录包括事件的日期和时间、事件类型、事件是否成功及其他相关信息。

c. 具备日志记录保护功能，避免受到非预期的删除、修改或覆盖等。

d. 日志记录的留存时间符合测控装置相关规定要求。

7）具备抵御拒绝服务攻击功能，遭受攻击时测控装置能正常运行，不误动、不误发报文，不死机、不重启等。

8）具备 MMS 连接风暴、召唤风暴和报告风暴防护功能，要求如下：

a. 同时连接测控装置支持的最大数量 MMS 客户端，测控装置能正常工作，不死机、重启、误发数据等。

b. 同时连接测控装置支持的最大数量 MMS 客户端，所有客户端以最小间隔重复读取遥测信息，持续 5 min，测控装置能正常工作，不死机、重启、误发数据等。

c. 同时连接测控装置支持的最大数量 MMS 客户端，分别使能相应的报告控制块，将可选域全部置 1，完整性周期设为测控装置支持的最小值，触发选项将完整性周期和总召唤置 1，所有客户端以最小间隔循环召唤报告，测控装置能正常工作，不死机、重启、误发数据等。

d. 具备容错和自动保护功能，当测控装置发生故障时自动保护当前所有状态，保证系统能够自动恢复。

（4）存储安全。存储安全满足如下要求：具备配置存储空间余量控制策略，当存储空间接近极限时，测控装置应能采取必要的措施保护存储数据的安全。

（5）进程安全。进程安全应满足如下要求：

1）进程无死锁。

2）不存在内置后门漏洞。

（6）运行环境安全。运行环境安全满足如下要求：禁止使用易遭受恶意攻击的高危端口作为服务端口，禁止开启与业务无关的服务端口。

（7）代码安全。代码安全满足如下要求：

1）测控装置源代码中不存在特有的安全漏洞，包括缓冲区溢出、字符错误结束、整数溢出、内存泄漏、未释放资源、资源注入、系统信息泄露、命令注入、不安全编辑优化等。

2）测控装置源代码中不存在违背安全编码规则的内容。

四、测控装置性能

1. 测量性能

测控装置测量性能应满足以下要求：

（1）在额定频率时，电压、电流输入在 0～1.2 倍额定值范围内，电压、电流输入在额定范围内误差不大于 0.2%。

（2）额定频率时，有功功率、无功功率测量误差不大于 0.5%。

（3）在 45～55Hz 范围内，频率测量误差不大于 0.005Hz。

（4）输入频率在 45～55Hz 时，电压、电流有效值误差改变量满足 GB/T 13729—2019《远动终端设备》中表 9 的要求。

（5）叠加 20% 的 2～13 次数的谐波电压、电流，电压、电流有效值误差改变量满足 GB/T 13729—2019《远动终端设备》中表 9 的要求。

（6）输入电源在 80%～115% 时，电压、电流有效值误差改变量不大于额定频率时测量误差极限值的 50%。

（7）在电磁兼容抗扰度满足 GB/T 13729—2019《远动终端设备》中表 9 的要求。

（8）测控装置的直流信号测量范围为 0～5V 或 4～20mA，采集误差不大于 0.2%。

（9）测控装置测量时标准确度不大于 ±10ms。

2. 状态量性能

测控装置状态量性能满足以下要求：

（1）SOE 分辨率不大于 1ms。

（2）遥信响应时间小于 1s。

（3）遥信容量 100% 同时动作，测控装置不误发、丢失遥信，SOE 记录正确。

3. 遥控性能

测控装置遥控性能满足以下要求：

（1）遥控动作正确率 100%。

（2）遥控响应时间小于 1s。

4. 对时性能

对时误差小于 1ms。

5. 测控装置功耗

测控装置功耗满足以下要求：

（1）当采用工频交流模拟量时，每一额定电流输入回路的功率消耗小于 0.75VA，每一额定电压输入回路的功率消耗小于 0.5VA。

（2）测控装置整机正常运行功率小于 45W。

6. 绝缘性能

测控装置各电气回路对地和各电气回路之间的绝缘电阻要求见表 4-7。

表 4-7　　　　　　　　　绝 缘 电 阻 额 定

绝缘电压 U（V）	绝缘电阻要求（MΩ）	测试电压（V）
$U \leqslant 60$	$\geqslant 5$	250
$U > 60$	$\geqslant 5$	500

注　与二次设备及外部回路直接连接的接口回路采用 $U > 60$V 的要求。

电源回路、交流电量输入回路、输出回路各自对地和电气隔离的各回路之间以及输出继电器动合触点之间，应耐受电压见表 4-8 中规定的 50Hz 的交流电压，历时 1min 的绝缘强度试验，试验时不得出现击穿、闪络。

表 4-8　　　　　　　　　试 验 电 压 额 定

绝缘电压 U（V）	试验电压（V）
$U \leqslant 60$	500
$60 < U \leqslant 125$	1000
$125 < U \leqslant 250$	1500
	2500

注　电压为 $125 < U \leqslant 250$V 时，户内场所介质强度选择 1500V，户外场所介质强度选择 2500V。

以 5kV 试验电压，1.2/50μs 冲击波形，按正、负两个方向，施加间隔不小于 5s；用三个正脉冲和三个负脉冲，以下述方式施加于交流工频电量输入回路和装置的电源回路：

（1）接地端和所有连在一起的其他接线端子之间。

（2）依次对每个输入线路端子之间，其他端子接地。

（3）电源的输入和大地之间。

冲击试验后，交流工频电测量量的基本误差应满足其等级指数要求。

湿热条件：温度（40±2）℃，相对湿度90%～95%，大气压力为86～106kPa下绝缘电阻的要求见表4-9。

表4-9　　　　　　　　湿 热 条 件 绝 缘 电 阻

额定绝缘电压 U_i（V）	绝缘电阻要求（M）
$U_i \leq 60$	≥1（用250V绝缘电阻表）
$U_i > 60$	≥1（用500V绝缘电阻表）

7. 电磁兼容性要求

抗扰度能力要求满足GB/T 17626.9—2011《电磁兼容　试验和测量技术　脉冲磁场抗扰度试验》标准，具体性能试验和要求见表4-10。

表4-10　　　　　　　　电 磁 兼 容 试 验 要 求

序号	试验名称	引用标准	等级要求
1	静电放电抗扰度	GB/T 17626.2—2018《电磁兼容　试验和测量技术　静电放电抗扰度试验》	Ⅳ级
2	射频电磁场辐射抗扰度	GB/T 17626.3—V2016《电磁兼容　试验和测量技术　射频电磁场辐射抗扰度试验》	Ⅲ级
3	电快速瞬变脉冲群抗扰度	GB/T 17626.4—2018《电磁兼容　试验和测量技术　电快速瞬变脉冲群抗扰度试验》	Ⅳ级
4	浪涌（冲击）抗扰度	GB/T 17626.5—2019《电磁兼容　试验和测量技术　浪涌（冲击）抗扰度试验》	Ⅳ级
5	射频场感应的传导骚扰抗扰度	GB/T 17626.6—2017《电磁兼容　试验和测量技术　射频场感应的传导骚扰抗扰度	Ⅲ级
6	工频磁场抗扰度	GB/T 17626.8—2006《电磁兼容　试验和测量技术　工频磁场抗扰度试验》	Ⅴ级
7	脉冲磁场抗扰度	GB/T 17626.9—2011《电磁兼容　试验和测量技术　脉冲磁场抗扰度试验》	Ⅴ级
8	阻尼振荡磁场抗扰度	GB/T 17626.10—2017《电磁兼容　试验和测量技术　阻尼振荡磁场抗扰度试验》	Ⅴ级
9	电压暂降、短时中断和电压变化的抗扰度	GB/T 17626.11—2008《电磁兼容　试验和测量技术　电压暂降、短时中断和电压变化的抗扰度试验》	短时中断
10	振荡波抗扰度	GB/T 17626.12—2013《电磁兼容　试验和测量技术　振铃波抗扰度试验》	Ⅳ级

注　1. 电压暂降、短时中断和电压变化的抗扰度要求短时中断时间不小于100ms。

　　2. 振荡波抗扰度差模试验电压值为共模试验值的1/2。

8. 机械振动特性及防护性能要求

测控装置机械振动特性及防护性能要求如下：

（1）防护性能应符合 GB 4208—2008《外壳防护等级（IP 代码）》规定的 IP20 级要求。

（2）正弦稳态振动、冲击、自由跌落的参数等级见相关标准的规定。

五、版本管理

1. 测控装置命名

测控装置命名由装置型号、装置应用场景分类代码和装置典型分类代码三部分组成，其中测控装置型号印刷在为装置面板上，测控装置型号和典型代码体现在纸质铭牌上，版本信息在菜单中显示。测控装置命名规则如图 4-18 所示。

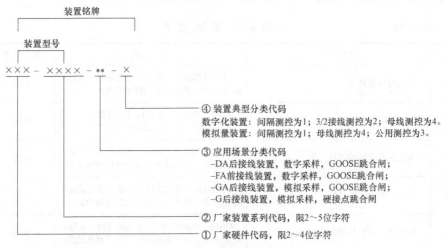

图 4-18　测控装置命名规则

按照命名规范，主流二次设备厂商测控装置型号命名见表 4-11。

表 4-11　　　　　　　　　各厂家测控装置型号

厂家	类型	应用分类	应用型号		适用场合
南瑞科技	数字测控装置	间隔测控	NS3560-DA-1	后接线	主要应用于线路、断路器、高压电抗器、主变压器单侧加本体等间隔
			NS3560-DA-1	前接线	
		3/2 接线测控	NS3560-DA-2	后接线	主要应用于 330kV 及以上电压等级线路加边断路器间隔
			NS3560-DA-2	前接线	
		母线测控	NS3560-DA-4	后接线	主要应用于母线分段或低压母线加公用间隔
			NS3560-DA-4	前接线	

续表

厂家	类型	应用分类	应用型号		适用场合
南瑞科技	模拟测控装置	间隔测控	NS3560 – G – 1	后接线	主要应用于线路、断路器、高压电抗器、主变压器单侧加本体等间隔
			NS3560 – GA – 1	后接线，GOOSE 跳合闸	
		母线测控	NS3560 – G – 4	后接线	主要应用于母线分段间隔
			NS3560 – GA – 4	后接线，GOOSE 跳合闸	
		公用测控	NS3560 – G – 3	后接线	主要应用于所变加公用间隔
南瑞继保	数字测控装置	间隔测控	PCS – 9705 – DA – 1	后接线	主要应用于线路、断路器、高压电抗器、主变压器单侧加本体等间隔
			PCS – 9705 – FA – DA – 1	前接线	
		3/2 接线测控	PCS – 9705 – DA – 2	后接线	主要应用于 330kV 及以上电压等级线路加边断路器间隔
			PCS – 9705 – FA – 2	前接线	
		母线测控	PCS – 9705 – DA – 4	后接线	主要应用于母线分段或低压母线加公用间隔
			PCS – 9705 – FA – DA – 4	前接线	
	模拟测控装置	间隔测控	PCS – 9705 – G – 1	后接线	主要应用于线路、断路器、高压电抗器、主变压器单侧加本体等间隔
			PCS – 9705 – GA – 1	后接线，GOOSE 跳合闸	
		母线测控	PCS – 9705 – G – 4	后接线	主要应用于母线分段间隔
			PCS – 9705 – GA – 4	后接线，GOOSE 跳合闸	
		公用测控	PCS – 9705 – G – 3	后接线	主要应用于所变加公用间隔
北京四方	数字测控装置	间隔测控	CSI – 200F – DA – 1	后接线	主要应用于线路、断路器、高压电抗器、主变压器单侧加本体等间隔
			CSI – 200F – DA – 1 – F	前接线	
		3/2 接线测控	CSI – 200F – DA – 2	后接线	主要应用于 330kV 及以上电压等级线路加边断路器间隔
			CSI – 200F – DA – 2 – F	前接线	
		母线测控	CSI – 200F – DA – 4	后接线	主要应用于母线分段或低压母线加公用间隔
			CSI – 200F – DA – 4 – F	前接线	
	模拟测控装置	间隔测控	CSI – 200F – G – 1	后接线	主要应用于线路、断路器、高压电抗器、主变压器单侧加本体等间隔
			CSI – 200F – GA – 1	后接线，GOOSE 跳合闸	

厂家	类型	应用分类	应用型号		适用场合
北京四方	模拟测控装置	母线测控	CSI－200F－G－4	后接线	主要应用于母线分段间隔
			CSI－200F－GA－4	后接线，GOOSE跳合闸	
		公用测控	CSI－200F－G－3	后接线	主要应用于所变加公用间隔
国电南京自动化股份有限公司	数字测控装置	间隔测控	PSR－663U－DA－1	后接线	主要应用于线路、断路器、高压电抗器、主变压器单侧加本体等间隔
			PSR－663U－FA－1	前接线	
		3/2 接线测控	PSR－663U－DA－2	后接线	主要应用于 330kV 及以上电压等级线路加边断路器间隔
			PSR－663U－FA－2	前接线	
		母线测控	PSR－663U－DA－4	后接线	主要应用于母线分段或低压母线加公用间隔
			PSR－663U－FA－4	前接线	
	模拟测控装置	间隔测控	PSR－663U－G－1	后接线	主要应用于线路、断路器、高压电抗器、主变压器单侧加本体等间隔
			PSR－663U－GA－1	后接线，GOOSE跳合闸	
		母线测控	PSR－663U－G－4	后接线	主要应用于母线分段间隔
			PSR－663U－GA－4	后接线，GOOSE跳合闸	
		公用测控	PSR－663U－G－3	后接线	主要应用于所变加公用间隔
许继电气	数字测控装置	间隔测控	FCK－851B－DA－1	后接线	主要应用于线路、断路器、高压电抗器、主变压器单侧加本体等间隔
			FCK－851B－FA－1	前接线	
		3/2 接线测控	FCK－851B－DA－2	后接线	主要应用于 330kV 及以上电压等级线路加边断路器间隔
			FCK－851B－FA－2	前接线	
		母线测控	FCK－851B－DA－4	后接线	主要应用于母线分段或低压母线加公用间隔
			FCK－851B－FA－4	前接线	
	模拟测控装置	间隔测控	FCK－851B－G－1	后接线	主要应用于线路、断路器、高压电抗器、主变压器单侧加本体等间隔
			FCK－851B－GA－1	后接线，GOOSE跳合闸	
		母线测控	FCK－851B－G－4	后接线	主要应用于母线分段间隔
			FCK－851B－GA－4	后接线，GOOSE跳合闸	
		公用测控	FCK－851B－G－3	后接线	主要应用于所变加公用间隔

续表

厂家	类型	应用分类	应用型号		适用场合
长园深瑞	数字测控装置	间隔测控	PRS-7741-DA-1	后接线	主要应用于线路、断路器、高压电抗器、主变压器单侧加本体等间隔
				前接线	
		3/2 接线测控	PRS-7741-DA-2	后接线	主要应用于 330kV 及以上电压等级线路加边断路器间隔
				前接线	
		母线测控	PRS-7741-DA-4	后接线	主要应用于母线分段或低压母线加公用间隔
				前接线	
	模拟测控装置	间隔测控	PRS-7741-G-1	后接线	主要应用于线路、断路器、高压电抗器、主变压器单侧加本体等间隔
			PRS-7741-GA-1	后接线，GOOSE跳合闸	
		母线测控	PRS-7741-G-4	后接线	主要应用于母线分段间隔
			PRS-7741-GA-4	后接线，GOOSE跳合闸	
		公用测控	PRS-7741-G-3	后接线	主要应用于所变加公用间隔
积成电子	数字测控装置	间隔测控	SAM-32-DA-1	后接线	主要应用于线路、断路器、高压电抗器、主变压器单侧加本体等间隔
			SAM-32-FA-1	前接线	
		3/2 接线测控	SAM-32-DA-2	后接线	主要应用于 330kV 及以上电压等级线路加边断路器间隔
			SAM-32-FA-2	前接线	
		母线测控	SAM-32-DA-4	后接线	主要应用于母线分段或低压母线加公用间隔
			SAM-32-FA-4	前接线	
	模拟测控装置	间隔测控	SAM-32-G-1	后接线	主要应用于线路、断路器、高压电抗器、主变压器单侧加本体等间隔
			SAM-32-GA-1	后接线，GOOSE跳合闸	
		母线测控	SAM-32-G-4	后接线	主要应用于母线分段间隔
			SAM-32-GA-4	后接线，GOOSE跳合闸	
		公用测控	SAM-32-G-3	后接线	主要应用于所变加公用间隔
东方电子	数字测控装置	间隔测控	EPS-3171-DA-1	后接线	主要应用于线路、断路器、高压电抗器、主变压器单侧加本体等间隔
			EPS-3171-FA-1	前接线	
		3/2 接线测控	EPS-3171-DA-2	后接线	主要应用于 330kV 及以上电压等级线路加边断路器间隔
			EPS-3171-FA-2	前接线	
		母线测控	EPS-3171-DA-4	后接线	主要应用于母线分段或低压母线加公用间隔
			EPS-3171-FA-4	前接线	

厂家	类型	应用分类	应用型号		适用场合
东方电子	模拟测控装置	间隔测控	EPS－3171－G－1	后接线	主要应用于线路、断路器、高压电抗器、主变压器单侧加本体等间隔
			EPS－3171－GA－1	后接线，GOOSE跳合闸	
		母线测控	EPS－3171－G－4	后接线	主要应用于母线分段间隔
			EPS－3171－GA－4	后接线，GOOSE跳合闸	
		公用测控	EPS－3171－G－3	后接线	主要应用于所变加公用间隔

2. 版本信息

测控装置版本管理应满足以下要求：

（1）测控装置版本信息由装置型号、装置名称、软件版本、程序校验码、程序生成时间、ICD 模型版本、ICD 模型校验码、CID 模型版本、CID 模型校验码等九部分组成，其中装置型号和装置名称分别参照如图 4－18 所示，测控装置命名规则和测控装置应用分类表见表 4－1。

（2）测控装置版本信息在菜单中的显示格式参考如图 4－19 所示，显示的版本号前统一添加字母 V，软件版本和 ICD 模型版本按照 VX.XX 格式显示，CID 模型版本根据下述原则获取：CID 文件的 Herder 字段中有 history 记录时，取其中版本号最高一条记录的 version 作为 CID 文件版本；没有记录时取文件的 configversion 作为版本，液晶显示的版本信息与 CID 文件中实际数值一致。

（3）版本信息显示的程序校验码和 ICD 模型校验码为 16 位或 32 位，为测控装置内部程序及模型校核产生的校验信息。

（4）程序生成时间应至少包含年、月、日信息。

（5）测控装置版本信息统一存放在 xml 格式的文件中，文件名定义为"program_ver.xml"。

（6）测控装置中应存放支持在线版本管理的程序文件，程序文件应包含装置管理程序、通信程序、测控程序，统一压缩为 ZIP 格式，文件命名为"program.zip"。

（7）提供校验的 CID 文件统一命名为"configured.cid"。

（8）版本信息文件、程序文件和装置 CID 文件存放在相同目录下，通过 DL/T 860 文件服务提供在线管理和校核，IEC 61850 文件服务访问路径统一为"MEAS"目录。

（9）模型文件校验码计算采用四字节 CRC－32 校验码。校验码不满四字节的，高字节补 0。CRC 参数如下，CRC 校验码中的英文字母应为大写：

1）CRC 比特数 Width：32。

2）生成项 Poly：04C11DB7。

3）初始化值 Init：FFFFFFFF。

4）待测数据是否颠倒 RefIn：True。

5）计算值是否颠倒 RefOut：True。

6）输出数据异或项 XorOut：FFFFFFFF。

7）字串"123456789abcdef"的校验结果 Check：A2B4FD62。

8）CRC 校验码中的英文字母应为大写。

装置型号：	×××-××××-DA-1
装置名称：	间隔测控
软件版本：	V1.00
程序校验码：	123F
程序生成时间：	2017-03-21
ICD模型版本：	V1.00
ICD模型校验码：	345F
CID模型版本：	V1.0
CID模型校验码：	345F

图 4-19 版本信息

3. 文件格式

版本信息文件采用 xml 格式，示例如图 4-20 所示，文件的标签定义详见表 4-12～表 4-16。

```
<?xml version="1.0" encoding="UTF-8"?>
<IedDesc devName="XXX-XXXX" devDesc="测控装置">
    <APP Type="XXX-XXXX-DA-1" Describe="间隔测控" Version="V1.01" Time="2016-07-27
14:14:25" CheckCode="AD12FD12"/>
<ICD Version="V1.01" CheckCode="AD12FD12"/>
    <CID Version="V1.01" CheckCode="AD12FD12"/>
</IedDesc>
```

图 4-20 版本信息文件采用 xml 格式示例

表 4-12　　　　　　　　　版本信息文件元素列表

序号	元素	层次	说明
1	IedDesc	第 0 级	根元素
2	App	第 1 级	应用软件信息
3	ICD	第 2 级	模型信息

表 4-13　　　　　　　　　根 元 素 列 表

属性	说明	类型	M/O
devName	设备名称	STRING	M
devDesc	设备描述	STRING	M
子元素	说明	个数	
App	应用软件信息	≥1	
ICD	模型文件信息	1	
CID	模型文件信息	1	

表 4-14　　　　　　　　　应 用 软 件 信 息 列 表

属性	说明	类型	M/O
Type	程序类型	STRING	M
Describe	装置名称	STRING	M
Version	软件版本	STRING	M
Time	软件生成时间（YYYY-MM-DD）或 （YYYY-MM-DD HH：MM：SS）	FORMATTED STRING	M
CheckCode	软件校验码	STRING	M

表 4-15　　　　　　　　　模型文件 ICD 信息列表

属性	说明	类型	M/O
Version	模型文件版本	STRING	M
CheckCode	软件校验码	STRING	M

表 4-16　　　　　　　　　模型文件 CID 信息列表

属性	说明	类型	M/O
Version	模型文件版本	STRING	M
CheckCode	软件校验码	STRING	M

六、参数设置

参数设置按照管理权限分为用户设置参数和厂家设置参数，用户设置参数包括遥测参数、遥信参数、遥控参数、同期参数等，应统一配置管理；厂家设置参数原则上不对运行人员开放。

1. DA－1 间隔测控用户设置

（1）DA－1 遥测参数。DA－1 遥测参数菜单显示内容见表 4－17。

表 4-17　　　　　　　DA-1 遥 测 参 数 表

序号	参数名称	定值范围	默认值	单位	备注
1	电流电压变化死区	0.00～1.00	0.20	%	
2	电流电压归零死区	0.00～1.00	0.20	%	
3	功率变化死区	0.00～1.00	0.50	%	
4	功率归零死区	0.00～1.00	0.50	%	
5	功率因数变化死区	0.000～1.000	0.005		
6	频率变化死区	0.000～1.000	0.005	Hz	
7	TV 额定一次值	1.00～1000.00	110.00	kV	
8	TV 额定二次值	1.00～120.00	100.00	V	
9	同期侧 TV 额定一次值	1.00～1000.00	110.00	kV	
10	同期侧 TV 额定二次值	1.00～120.00	100.00	V	
11	零序 TV 额定一次值	1.00～1000.00	110.00	kV	提供 1 组 TV/TA 额定值设置
12	零序 TV 额定二次值	1.00～120.00	100.00	V	
13	TA 额定一次值	1.00～10000.00	1000.00	A	
14	TA 额定二次值	1.00～5.00	1.00	A	
15	零序 TA 额定一次值	1.00～10000.00	1000.00	A	
16	零序 TA 额定二次值	1.00～5.00	1.00	A	

（2）DA－1 遥信参数。DA－1 遥信参数菜单显示内容见表 4－18。

表 4-18　　　　　　　DA-1 遥 信 参 数 表

序号	参数名称	定值范围	默认值	单位	备注
1	检修开入防抖时间	0～60000	1000	ms	
2	就地开入防抖时间	0～60000	1000	ms	

续表

序号	参数名称	定值范围	默认值	单位	备注
3	解锁开入防抖时间	0～60000	1000	ms	
4	硬开入 04 防抖时间	0～60000	20	ms	
5	硬开入 05 防抖时间	0～60000	20	ms	
6	硬开入 06 防抖时间	0～60000	20	ms	
7	………				
8	硬开入 20 防抖时间	0～60000	20	ms	

（3）DA－1 遥控参数。DA－1 遥控参数菜单显示内容见表 4－19。

表 4－19　　　　　　　　DA－1 遥 控 参 数 表

序号	参数名称	定值范围	默认值	单位	备注
1	断路器分脉宽	1～60000	200	ms	
2	断路器合脉宽	1～60000	200	ms	
3	对象 02 分脉宽	1～60000	200	ms	
4	对象 02 合脉宽	1～60000	200	ms	
5	对象 03 分脉宽	1～60000	200	ms	
6	对象 03 合脉宽	1～60000	200	ms	
7	………				
8	对象 13 分脉宽	1～60000	200	ms	
9	对象 13 合脉宽	1～60000	200	ms	
10	复归出口 1 脉宽	1～60000	200	ms	
11	复归出口 2 脉宽	1～60000	200	ms	
12	………				
13	复归出口 6 脉宽	1～60000	200	ms	
14	手合同期脉宽	1～60000	200	ms	
15	挡位遥控升脉宽	1～60000	200	ms	
16	挡位遥控降脉宽	1～60000	200	ms	
17	挡位遥控急停脉宽	1～60000	200	ms	

（4）DA－1 同期参数。DA－1 同期参数菜单显示内容见表 4－20。

表 4-20　　　　　　　　　　　　DA-1 同 期 参 数 表

序号	参数名称	定值范围	默认值	单位	备注
1	同期抽取电压	0~5	0		抽取侧电压相别选择 $0-U_a$，$1-U_b$，$2-U_c$，$3-U_{ab}$，$4-U_{bc}$，$5-U_{ca}$
2	测量侧额定电压	0.00~100.00	57.74	V	测控测量侧输入电压的额定值，对应装置采集的电压 U_a
3	抽取侧额定电压	0.00~100.00	57.74	V	抽取侧输入电压的额定值，对应装置采集的电压 U_x
4	同期有电压定值	0.00~100.00	34.64	V	测控装置判断系统为有电压状态的定值（以系统测量侧为参考电压），采集的开关两侧电压均大于该定值时判定为有电压状态
5	同期无电压定值	0.00~100.00	17.32	V	测控装置判断系统为无电压状态的定值（以系统测量侧为参考电压），采集的开关两侧电压有一侧小于该定值则判定为无电压状态
6	滑差定值	0.00~2.00	1.00	Hz/s	滑差闭锁定值，当系统两侧不同频且滑差超过该定值时闭锁同期操作
7	频差定值	0.00~2.00	0.50	Hz	频差闭锁定值，当系统两侧不同频且频差超过该定值时闭锁同期操作
8	压差定值	0.00~100.00	10.00	V	压差闭锁定值（以系统测量侧为参考电压），当系统两侧电压差超过该定值时闭锁同期操作
9	角差定值	0.00~180.000	15.00	°	角差闭锁定值，当两侧角度差超过该定值时闭锁同期操作
10	导前时间	0~2000	200	ms	导前时间，从发出合闸命令到开关完成合闸动作的提前时间，该时间用以确保开关合闸瞬间系统两侧的相角差为 0
11	固有相角差	0.00~360.00	0.00	°	对系统两侧固有相角差补偿值
12	TV 断线闭锁使能	0/1	1		设定是否使能 TV 断线闭锁检同期合、检无电压合
13	同期复归时间	0~60	40	s	判别同期条件的最长时间。同期条件不满足持续到超出此时间长度后，不再判断同期条件是否满足，直接判断为同期失败

（5）DA-1 软压板设置。DA-1 软压板设置菜单显示内容见表 4-21。

表 4-21　　　　　　　　　　DA-1 软 压 板 设 置

序号	参数名称	定值范围	默认值	单位	备注
1	GOOSE 出口压板	0~1	1		
2	TV 断线告警压板	0~1	0		
3	TA 断线告警压板	0~1	0		
4	零序越限告警压板	0~1	0		

2. DA-2 3/2 接线测控用户设置

（1）DA-2 遥测参数。DA-2 遥测参数菜单显示内容见表 4-22。

表 4-22　　　　　　　　　DA-2 遥 测 参 数 表

序号	参数名称	定值范围	默认值	单位	备注
1	电流电压变化死区	0.00~1.00	0.20	%	
2	电流电压归零死区	0.00~1.00	0.20	%	
3	功率变化死区	0.00~1.00	0.50	%	
4	功率归零死区	0.00~1.00	0.50	%	
5	功率因数变化死区	0.000~1.000	0.005		
6	频率变化死区	0.000~1.000	0.005	Hz	
7	TV 额定一次值	1.00~1000.00	110.00	kV	
8	TV 额定二次值	1.00~120.00	100.00	V	
9	同期侧 TV 额定一次值	1.00~1000.00	110.00	kV	提供 1 组 TV 额定值设置
10	同期侧 TV 额定二次值	1.00~120.00	100.00	V	
11	零序 TV 额定一次值	1.00~1000.00	110.00	kV	
12	零序 TV 额定二次值	1.00~120.00	100.00	V	
13	1 号 TA 额定一次值	1.00~10000.00	1000.00	A	
14	1 号 TA 额定二次值	1.00~5.00	1.00	A	
15	1 号零序 TA 额定一次值	1.00~10000.00	1000.00	A	
16	1 号零序 TA 额定二次值	1.00~5.00	1.00	A	提供 2 组 TA 额定值设置
17	2 号 TA 额定一次值	1.00~10000.00	1000.00	A	
18	2 号 TA 额定二次值	1.00~5.00	1.00	A	
19	2 号零序 TA 额定一次值	1.00~10000.00	1000.00	A	
20	2 号零序 TA 额定二次值	1.00~5.00	1.00	A	

（2）DA-2遥信参数。DA-2遥信参数菜单显示内容与DA-1遥信参数表一致，见表4-18。

（3）DA-2遥控参数。DA-2遥控参数菜单显示内容见表4-23。

表4-23　　　　　　　　　DA-2遥控参数表

序号	参数名称	定值范围	默认值	单位	备注
1	断路器分脉宽	1～60000	200	ms	
2	断路器合脉宽	1～60000	200	ms	
3	对象02分脉宽	1～60000	200	ms	
4	对象02合脉宽	1～60000	200	ms	
5	对象03分脉宽	1～60000	200	ms	
6	对象03合脉宽	1～60000	200	ms	
7	……				
8	对象13分脉宽	1～60000	200	ms	
9	对象13合脉宽	1～60000	200	ms	
10	复归出口1脉宽	1～60000	200	ms	
11	复归出口2脉宽	1～60000	200	ms	
12	……				
13	复归出口6脉宽	1～60000	200	ms	
14	手合同期脉宽	1～60000	200	ms	

（4）DA-2同期参数。DA-2同期参数菜单显示内容与DA-1遥信参数表一致，见表4-20。

（5）DA-2软压板设置。DA-2软压板设置菜单显示内容见表4-24。

表4-24　　　　　　　　　DA-2软压板设置

序号	参数名称	定值范围	默认值	单位	备注
1	GOOSE出口压板	0～1	1		
2	TV断线告警压板	0～1	0		
3	TA断线告警1压板	0～1	0		
4	TA断线告警2压板	0～1	0		
5	零序越限告警压板	0～1	0		

3. DA-4母线测控用户设置

（1）DA-4遥测参数。DA-4遥测参数菜单显示内容见表4-25。

表 4-25　　　　　　　　　　DA-4 遥 测 参 数 表

序号	参数名称	定值范围	默认值	单位	备注
1	电压变化死区	0.00～1.00	0.20	%	
2	电压归零死区	0.00～1.00	0.20	%	
3	频率变化死区	0.000～1.000	0.005	Hz	
4	1 号 TV 额定一次值	1.00～1000.00	110.00	kV	
5	1 号 TV 额定二次值	1.00～120.00	100.00	V	
6	1 号零序 TV 额定一次值	1.00～1000.00	110.00	kV	
7	1 号零序 TV 额定二次值	1.00～120.00	100.00	V	
8	2 号 TV 额定一次值	1.00～1000.00	110.00	kV	
9	2 号 TV 额定二次值	1.00～120.00	100.00	V	
10	2 号零序 TV 额定一次值	1.00～1000.00	110.00	kV	
11	2 号零序 TV 额定二次值	1.00～120.00	100.00	V	提供 4 组 TV 额定值设置
12	3 号 TV 额定一次值	1.00～1000.00	110.00	kV	
13	3 号 TV 额定二次值	1.00～120.00	100.00	V	
14	3 号零序 TV 额定一次值	1.00～1000.00	110.00	kV	
15	3 号零序 TV 额定二次值	1.00～120.00	100.00	V	
16	4 号 TV 额定一次值	1.00～1000.00	110.00	kV	
17	4 号 TV 额定二次值	1.00～120.00	100.00	V	
18	4 号零序 TV 额定一次值	1.00～1000.00	110.00	kV	
19	4 号零序 TV 额定二次值	1.00～120.00	100.00	V	

（2）DA-4 遥信参数。DA-4 遥信参数菜单显示内容与 DA-1 遥信参数表一致，见表 4-18。

（3）DA-4 遥控参数。DA-4 遥控参数菜单显示内容见表 4-26。

表 4-26　　　　　　　　　　DA-4 遥 控 参 数 表

序号	参数名称	定值范围	默认值	单位	备注
1	对象 01 分脉宽	1～60000	200	ms	
2	对象 01 合脉宽	1～60000	200	ms	
3	对象 02 分脉宽	1～60000	200	ms	
4	对象 02 合脉宽	1～60000	200	ms	
5	……				
6	对象 16 分脉宽	1～60000	200	ms	

续表

序号	参数名称	定值范围	默认值	单位	备注
7	对象 16 合脉宽	1～60000	200	ms	
8	复归出口 1 脉宽	1～60000	200	ms	
9	复归出口 2 脉宽	1～60000	200	ms	
10	……				
11	复归出口 6 脉宽	1～60000	200	ms	

（4）DA－4 软压板设置。DA－4 软压板设置菜单显示内容见表 4－27。

表 4－27　　　　　　　　DA－4 软压板设置

序号	参数名称	定值范围	默认值	单位	备注
1	GOOSE 出口压板	0～1	1		
2	TV 断线告警 1 压板	0～1	0		
3	TV 断线告警 2 压板	0～1	0		
4	TV 断线告警 3 压板	0～1	0		
5	TV 断线告警 4 压板	0～1	0		
6	零序越限告警 1 压板	0～1	0		
7	零序越限告警 2 压板	0～1	0		
8	零序越限告警 3 压板	0～1	0		
9	零序越限告警 4 压板	0～1	0		

4. GA－1 间隔测控用户设置

（1）GA－1 遥测参数。GA－1 遥测参数菜单显示内容与 DA－2 遥测参数表一致，见表 4－22。

（2）GA－1 遥信参数。GA－1 遥信参数菜单显示内容与 DA－1 遥信参数表一致，见表 4－18。

（3）GA－1 遥控参数。GA－1 遥控参数菜单显示内容与 DA－1 遥控参数表一致，见表 4－19。

（4）GA－1 同期参数。GA－1 同期参数菜单显示内容与 DA－1 同期参数表一致，见表 4－20。

（5）GA－1 软压板设置。GA－1 软压板设置菜单显示内容与 DA－2 压板设置一致，见表 4－24。

5. GA－4 母线测控用户设置

（1）GA－4 遥测参数。GA－4 遥测参数菜单显示内容见表 4－28。

表 4-28　　　　　　GA-4 遥 测 参 数 表

序号	参数名称	定值范围	默认值	单位	备注
1	电压变化死区	0.00～1.00	0.20	%	
2	电压归零死区	0.00～1.00	0.20	%	
3	频率变化死区	0.000～1.000	0.005	Hz	
4	1 号 TV 额定一次值	1.00～1000.00	110.00	kV	
5	1 号 TV 额定二次值	1.00～120.00	100.00	V	
6	1 号零序 TV 额定一次值	1.00～1000.00	110.00	kV	
7	1 号零序 TV 额定二次值	1.00～120.00	100.00	V	提供 2 组 TV 额定值设置
8	2 号 TV 额定一次值	1.00～1000.00	110.00	kV	
9	2 号 TV 额定二次值	1.00～120.00	100.00	V	
10	2 号零序 TV 额定一次值	1.00～1000.00	110.00	kV	
11	2 号零序 TV 额定二次值	1.00～120.00	100.00	V	

（2）GA-4 遥信参数。GA-4 遥信参数菜单显示内容与 DA-1 遥信参数表一致，见表 4-18。

（3）GA-4 遥控参数。GA-4 遥控参数菜单显示内容与 DA-4 遥控参数表一致，见表 4-26。

（4）GA-4 软压板设置。GA-4 压板设置菜单显示内容见表 4-29。

表 4-29　　　　　　GA-4 软 压 板 设 置

序号	参数名称	定值范围	默认值	单位	备注
1	GOOSE 出口压板	0～1	1		
2	TV 断线告警 1 压板	0～1	0		
3	TV 断线告警 2 压板	0～1	0		
4	零序越限告警 1 压板	0～1	0		
5	零序越限告警 2 压板	0～1	0		

6. G-1 间隔测控用户设置

（1）G-1 遥测参数。G-1 遥测参数菜单显示内容与 DA-2 遥测参数表一致，见表 4-22。

（2）G-1 遥信参数。G-1 遥信参数菜单显示内容见表 4-30。

表 4-30   G-1 遥 信 参 数 表

序号	参数名称	定值范围	默认值	单位	备注
1	检修开入防抖时间	0~60000	1000	ms	
2	就地开入防抖时间	0~60000	1000	ms	
3	解锁开入防抖时间	0~60000	1000	ms	
4	手合同期防抖时间	0~60000	20	ms	
5	断路器总合防抖时间	0~60000	20	ms	
6	断路器总分防抖时间	0~60000	20	ms	
7	断路器 A 相合防抖时间	0~60000	20	ms	
8	断路器 A 相分防抖时间	0~60000	20	ms	
9	断路器 B 相合防抖时间	0~60000	20	ms	
10	断路器 B 相分防抖时间	0~60000	20	ms	
11	断路器 C 相合防抖时间	0~60000	20	ms	
12	断路器 C 相分防抖时间	0~60000	20	ms	
13	对象 02 合防抖时间	0~60000	20	ms	
14	对象 02 分防抖时间	0~60000	20	ms	
15	......				
16	对象 08 合防抖时间	0~60000	20	ms	
17	对象 08 分防抖时间	0~60000	20	ms	
18	硬开入 27 防抖时间	0~60000	20	ms	
19	硬开入 28 防抖时间	0~60000	20	ms	
20	硬开入 29 防抖时间	0~60000	20	ms	
21	......				
22	硬开入 81 防抖时间	0~60000	20	ms	

（3）G-1 遥控参数。G-1 遥控参数菜单显示内容见表 4-31。

表 4-31   G-1 遥 控 参 数 表

序号	参数名称	定值范围	默认值	单位	备注
1	断路器分脉宽	1~60000	200	ms	
2	断路器合脉宽	1~60000	200	ms	
3	对象 02 分脉宽	1~60000	200	ms	
4	对象 02 合脉宽	1~60000	200	ms	
5	对象 03 分脉宽	1~60000	200	ms	

续表

序号	参数名称	定值范围	默认值	单位	备注
6	对象 03 合脉宽	1～60000	200	ms	
7	……				
8	对象 08 分脉宽	1～60000	200	ms	
9	对象 08 合脉宽	1～60000	200	ms	
10	复归出口 1 脉宽	1～60000	200	ms	
11	复归出口 2 脉宽	1～60000	200	ms	
12	手合同期脉宽	1～60000	200	ms	
13	挡位遥控升脉宽	1～60000	200	ms	
14	挡位遥控降脉宽	1～60000	200	ms	
15	挡位遥控急停脉宽	1～60000	200	ms	

（4）G-1 同期参数。G-1 同期参数菜单显示内容与 DA-1 同期参数表一致，见表 4-20。

（5）G-1 软压板设置。G-1 压板设置菜单显示内容见表 4-32。

表 4-32　　　　　　　　G-1 软压板设置

序号	参数名称	定值范围	默认值	单位	备注
1	TV 断线告警压板	0～1	0		
2	TA 断线告警 1 压板	0～1	0		
3	TA 断线告警 2 压板	0～1	0		
4	零序越限告警压板	0～1	0		

7. G-4 母线测控用户设置

（1）G-4 遥测参数。G-4 遥测参数菜单显示内容与 GA-4 遥测参数表一致，见表 4-28。

（2）G-4 遥信参数。G-4 遥信参数菜单显示内容见表 4-33。

表 4-33　　　　　　　　G-4 遥信参数表

序号	参数名称	定值范围	默认值	单位	备注
1	检修开入防抖时间	0～60000	1000	ms	
2	就地开入防抖时间	0～60000	1000	ms	
3	解锁开入防抖时间	0～60000	1000	ms	
4	硬开入 04 防抖时间	0～60000	20	ms	

序号	参数名称	定值范围	默认值	单位	备注
5	对象 01 合防抖时间	0～60000	20	ms	
6	对象 01 分防抖时间	0～60000	20	ms	
7	对象 02 合防抖时间	0～60000	20	ms	
8	对象 02 分防抖时间	0～60000	20	ms	
9	……				
10	对象 08 合防抖时间	0～60000	20	ms	
11	对象 08 分防抖时间	0～60000	20	ms	
12	硬开入 21 防抖时间	0～60000	20	ms	
13	硬开入 22 防抖时间	0～60000	20	ms	
14	硬开入 23 防抖时间	0～60000	20	ms	
15	……				
16	硬开入 81 防抖时间	0～60000	20	ms	

（3）G-4 遥控参数。G-4 遥控参数菜单显示内容见表 4-34。

表 4-34 G-4 遥 控 参 数 表

序号	参数名称	定值范围	默认值	单位	备注
1	对象 01 分脉宽	1～60000	200	ms	
2	对象 01 合脉宽	1～60000	200	ms	
3	对象 02 分脉宽	1～60000	200	ms	
4	对象 02 合脉宽	1～60000	200	ms	
5	对象 03 分脉宽	1～60000	200	ms	
6	对象 03 合脉宽	1～60000	200	ms	
7	……				
8	对象 08 分脉宽	1～60000	200	ms	
9	对象 08 合脉宽	1～60000	200	ms	
10	复归出口 1 脉宽	1～60000	200	ms	
11	复归出口 2 脉宽	1～60000	200	ms	

（4）G-4 软压板设置。G-4 压板设置菜单显示内容见表 4-35。

表 4-35　　　　　　　　　　　G-4 软 压 板 设 置

序号	参数名称	定值范围	默认值	单位	备注
1	TV 断线告警 1 压板	0~1	0		
2	TV 断线告警 2 压板	0~1	0		
3	零序越限告警 1 压板	0~1	0		
4	零序越限告警 2 压板	0~1	0		

8. G-3 公用测控用户设置

（1）G-3 遥测参数。G-4 遥测参数菜单显示内容见表 4-36。

表 4-36　　　　　　　　　　　G-3 遥 测 参 数 表

序号	参数名称	定值范围	默认值	单位	备注
1	电流电压变化死区	0.00~1.00	0.20	%	
2	电流电压归零死区	0.00~1.00	0.20	%	
3	功率变化死区	0.00~1.00	0.50	%	
4	功率归零死区	0.00~1.00	0.50	%	
5	功率因数变化死区	0.000~1.000	0.005		
6	频率变化死区	0.000~1.000	0.005	Hz	
7	1 号 TV 额定一次值	1.00~1000.00	380.00	V	
8	1 号 TV 额定二次值	1.00~400.00	100.00	V	
9	1 号零序 TV 额定一次值	1.00~1000.00	380.00	V	
10	1 号零序 TV 额定二次值	1.00~400.00	100.00	V	
11	1 号 TA 额定一次值	1.00~10000.00	1000.00	A	
12	1 号 TA 额定二次值	1.00~5.00	1.00	A	
13	1 号零序 TA 额定一次值	1.00~10000.00	1000.00	A	
14	1 号零序 TA 额定二次值	1.00~5.00	1.00	A	
15	2 号 TV 额定一次值	1.00~1000.00	380.00	V	提供 2 组 TV/TA 额定值设置
16	2 号 TV 额定二次值	1.00~400.00	100.00	V	
17	2 号零序 TV 额定一次值	1.00~1000.00	380.00	V	
18	2 号零序 TV 额定二次值	1.00~400.00	100.00	V	
19	2 号 TA 额定一次值	1.00~10000.00	1000.00	A	
20	2 号 TA 额定二次值	1.00~5.00	1.00	A	
21	2 号零序 TA 额定一次值	1.00~10000.00	1000.00	A	
22	2 号零序 TA 额定二次值	1.00~5.00	1.00	A	

（2）G-3 遥信参数。G-3 遥信参数菜单显示内容见表 4-37。

表 4-37   G-4 遥 信 参 数 表

序号	参数名称	定值范围	默认值	单位	备注
1	检修开入防抖时间	0～60000	1000	ms	
2	就地开入防抖时间	0～60000	1000	ms	
3	解锁开入防抖时间	0～60000	1000	ms	
4	硬开入 04 防抖时间	0～60000	20	ms	
5	硬开入 05 防抖时间	0～60000	20	ms	
6	硬开入 06 防抖时间	0～60000	20	ms	
7	……				
8	硬开入 80 防抖时间	0～60000	20	ms	

（3）G-3 遥控参数。G-3 遥控参数菜单显示内容见表 4-38。

表 4-38   G-3 遥 控 参 数 表

序号	参数名称	定值范围	默认值	单位	备注
1	对象 01 分脉宽	1～60000	200	ms	
2	对象 01 合脉宽	1～60000	200	ms	
3	对象 02 分脉宽	1～60000	200	ms	
4	对象 02 合脉宽	1～60000	200	ms	
5	……				
6	对象 08 分脉宽	1～60000	200	ms	
7	对象 08 合脉宽	1～60000	200	ms	

（4）G-3 软压板设置。G-3 压板设置菜单显示内容见表 4-39。

表 4-39   G-3 软 压 板 设 置

序号	参数名称	定值范围	默认值	单位	备注
1	TV 断线告警 1 压板	0～1	1		
2	TV 断线告警 2 压板	0～1	0		
3	TA 断线告警 1 压板	0～1	0		
4	TA 断线告警 2 压板	0～1	0		
5	零序越限告警 1 压板	0～1	0		
6	零序越限告警 2 压板	0～1	0		

七、运行维护

测控装置告警分类见表 4-40。

表 4-40　　　　　　　　　　告 警 信 息 分 类 表

序号	告警信息分类	告警命名	灭运行灯	点告警灯	装置故障	装置告警	备注（解释说明）
1	装置自检告警	装置异常	是	是	是	是	包括插件模件异常、参数校验错等
2	运行异常告警	对时信号状态	否	否	否	否	B 码信号异常（无 B 码信号接入、信号奇偶校验错误等）
		对时服务状态	否	否	否	否	装置守时，不根据 B 码信号对时，点对时异常灯
		时间跳变侦测状态	否	否	否	否	监测 B 码信号跳年、跳月、跳日、跳秒
		TV 断线	否	是	否	否	具体功能描述
		TA 断线	否	是	否	否	具体功能描述
		$3U_0$ 越限	否	是	否	否	$3U_0$ 值超过设定值产生对应事件
		$3I_0$ 越限	否	是	否	否	$3I_0$ 值超过设定值产生对应事件
3	GOOSE 链路异常告警	站控层 GOOSE 总告警	否	是	否	是	包括站控层 GOOSE 中断、GOOSE 异常
		站控层 GO01-A 网中断	否	是	否	是	站控层 GOOSE X A/B 网中断告警
		站控层 GO01-B 网中断	否	是	否	是	
		站控层 GO02-A 网中断	否	是	否	是	
		站控层 GO02-B 网中断	否	是	否	是	
		站控层 GO03-A 网中断	否	是	否	是	
		站控层 GO03-B 网中断	否	是	否	是	
		……					
		过程层 GOOSE 总告警	否	是	否	是	包括过程层 GOOSE 中断、GOOSE 异常
		过程层 GO01 中断	否	是	否	是	过程层 GOOSE X 中断告警
		过程层 GO02 中断	否	是	否	是	
		过程层 GO03 中断	否	是	否	是	
		……					

续表

序号	告警信息分类	告警命名	灭运行灯	点告警灯	装置故障	装置告警	备注（解释说明）
4	SV 告警	SV 总告警	否	是	否	是	采用通道总告警信号，包括 SV 中断、SV 异常
		SV 失步	否	是	否	是	SV 的失步判断，具体判断逻辑在功能中描述
		SV 丢点	否	是	否	是	SV 的丢点判断，具体判断逻辑在功能中描述
		SV01 中断	否	是	否	是	
		SV02 中断	否	是	否	是	
		SV03 中断	否	是	否	是	
		……					

第二节 非"四统一"测控装置

在"四统一"测控装置规范发布之前，各厂家测控装置的功能、性能基本和"四统一"测控装置的功能、性能一致，但在装置分类、外观及结构等方面没有统一，本节简要介绍各主流二次厂商测控装置的型号分类、结构、插件功能几方面内容。

一、南瑞科技 NSD500M 系列常规测控装置介绍

NSD500M 系列变电站测控装置是以变电站内一条线路或一台主变压器为监控对象的智能监控设备。NSD500M 系列变电站测控装置既采集本间隔的实时信号，又可与其他测控装置通信，同时通过双以太网接口直接上网与站级计算机系统相连，构成面向对象的分布式变电站计算机监控系统，广泛应用于 110～500kV 常规变电站监控系统。

1. NSD500M 测控装置型号分类

NSD500M1 型：半层 6U 插箱结构，适用于 110～500kV 线路、母线分段、主变压器单侧等。测控装置采集三路线电压 U_a、U_b、U_c、线路同期电压 U_{sa}、零序电压 $3U_0$、三相电流 I_a、I_b、I_c 等八路交流信号，测量计算各路电压、电流的有效值、谐波总畸变率和 2～19 次各次谐波的畸变率，并计算三相电压的有效值、有功功率、无功功率、功率因数、母线电压频率、同期电压频率、同期电压和母线电压的相位差等电气量；采集 64+5 点遥信信号（其中 64 路外部遥信

信号、5 路内部开入信号）；控制八个对象，对每个对象进行经过防误闭锁逻辑的分、合操作和手动闭锁操作，防误闭锁逻辑可以组态；测控装置输出八路防误闭锁触点进行相应手动操作的防误闭锁；第一路控制对象的合闸具有同期功能。

NSD500M2 型：半层 6U 插箱结构，适用于 110～500kV 母线测量控制，采集两条母线的三相电压 U_a、U_b、U_c、零序电压 $3U_0$ 等八路交流信号，测量计算各路电压电流的有效值、谐波总畸变率和 2～19 次各次谐波的畸变率，并计算各线电压的有效值、两路母线电压频率等电气量；采集 64+5 点遥信信号（其中 64 路外部遥信信号、5 路内部开入信号）；控制八个对象，对每个对象进行经过防误闭锁逻辑的分、合操作和手动闭锁操作，防误闭锁逻辑可以组态；测控装置输出八路防误闭锁触点进行相应手动操作的防误闭锁。

NSD500M3 型：半层 6U 插箱结构，适用于 110～500kV 主变压器本体的测量控制。装置采集三路线电压 U_a、U_b、U_c、线路同期电压 U_{sa}、三相电流 I_a、I_b、I_c、I_0 等八路交流信号和八路直流信号。测量计算各路电压电流的有效值、谐波总畸变率和 2～19 次各次谐波的畸变率以及八路直流信号幅值，并计算三相电压的有效值、有功功率、无功功率、功率因数、母线电压频率、同期电压频率、同期电压和母线电压的相位差等电气量；采集 64+5 点遥信信号（其中 64 路外部遥信信号、5 路内部开入信号）；控制八个对象，对每个对象进行经过防误闭锁逻辑的分、合操作和手动闭锁操作，防误闭锁逻辑可以组态；第一路控制对象的合闸具有同期功能。

NSD500M4A 型：标准配置 27 路 AC 采样 [$3×(5U+4I)$]，其中 U 为电压、I 为电流，22 路遥控，16 路闭锁，136 路遥信，3 路手合同期，1 路遥调，9 路直流。

NSD500M4B 型：适用于 35kV 站用变压器和两段母线间隔。标准配置 26 路 AC 采样 [$2×(5U+4I)+8U$]、16 路遥控，8 路闭锁、106 路遥信、2 路手合同期、9 路直流。

NSD500M4C 型：适用于 35kV 站用变压器。标准配置 9 路 AC 采样（$5U+4I$）、16 路遥控、16 路闭锁、106 路遥信、1 路手合同期。

2. NSD500M 测控装置结构示例

NSD500M1、2、3 系列测控装置采用半层 6U 机箱；NSD500M4 系列测控装置采用整层 6U 机箱。从背视看，在每一机箱的最右边位置的槽位上安装电源模件，CPU 模件安装在第 2 槽位上，以后是交流采样模件、出口模件和遥信输入模件等 I/O 模件槽位。NSD500M-M1 型装置 6U 半机箱的正视图如图 4-21 所示，背视图如图 4-22 所示。

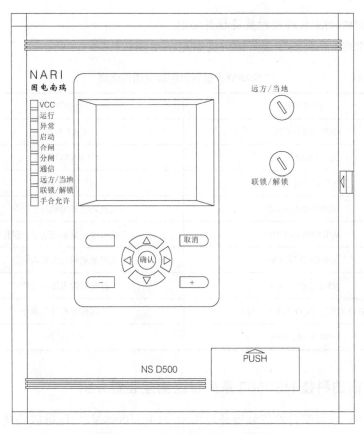

图4-21 NSD500M-M1正视图

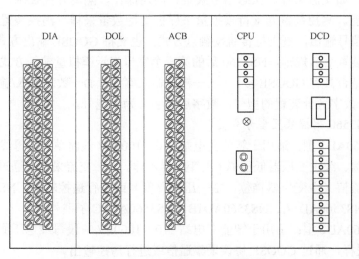

图4-22 NSD500M-M1背视图

3. NSD500M 系列测控装置插件功能

NSD500M 系列测控装置插件选型见表 4 – 41。

表 4 – 41　　　　　　　　NSD500M 系列测控装置插件选型

插件型号	功能描述
NSD500M – CPUA	CPU 模件
NSD500M – MMI	人机接口模件
NSD500M – DIA	开入采集模件
NSD500M – ACB	交流采集和闭锁输出模件
NSD500M – TVBS	交流电压采集和闭锁输出模件
NSD500M – AAI	交流采集和直流输入模件
NSD500M – DOL	继电器输出接口模件
NSD500M – DCD（或 DCD1）	电源模件和开入模件
NSD500M – BB	机箱背板

二、南瑞科技 NS3560 系列智能测控装置介绍

NS3560 系列综合测控装置是适用于 110～1000kV 电压等级的变电站内线路、母线或主变压器为监控对象的智能测控装置。测控装置能够实现单间隔的测控功能，如交流采样、状态信号采集、同期操作、隔离开关控制、全站防误闭锁等功能。测控装置既支持模拟量采样也支持数量采样。测控装置跳合闸命令和其他信号输出，既支持传统硬触点方式，也支持 GOOSE 输出方式。

测控装置命名规则，NS3560 后的第一个字母表示模拟量输入方式；第二个字母表示是否具有 GOOSE 接口，A—模拟输入/输出，D—数字输入/输出；字母后的 1～6 数字区分装置的型号，数字后的字母为子型号。

1. NS3560 测控装置型号分类

NS3560AD1 型：适用于智能变电站 110～1000kV 线路单元、母线分段、主变压器单侧、或主变压器低压侧 + 主变压器本体。AC 交流采样，通过 GOOSE 协议采集遥信（主变压器挡位、主变压器温度）或进行遥控输出。NS3560AD1 型包含：NS3560AD1A、NS3560AD1B、NS3560AD1C 子型号。

NS3560AD2 型：适用于智能变电站 110～1000kV 三段母线电压测控单元。AC 交流采样，通过 GOOSE 协议采集遥信或进行遥控输出。

NS3560AD3 型：适用于智能变电站所用变压器。AC 交流采样，通过 GOOSE

协议采集遥信或进行遥控输出。

NS3560AA1 型：适用于 110kV 及以上电压等级线路单元，包括主变压器单侧、主变压器低侧 + 主变压器本体、电抗器单元。模拟量采集，硬触点控制输出。NS3560AA1 型包含：NS3560AA1A（T/C）、NS3560AA1D 子型号。

NS3560AA2 型：适用于 110kV 及以上电压等级母线电压测控单元，最多可接三段母线电压。模拟量采集，硬触点控制输出。

NS3560AA4 型：适用于双线路公用单元。模拟量采集，硬触点控制输出。NS3560AA4 型号包含：NS3560AA4B（C）子型号。

NS3560AA6 型：适用于 35kV 所用变压器母线公用单元。模拟量采集，硬触点控制输出。NS3560AA6 型号包含：NS3560AA6A（B）子型号。

2. NS3560 测控装置结构示例

NS3560 为标准 19in 宽 4U 高机箱。测控装置前面板配有一块 320×240 点阵的液晶显示器，一个 8 键的键盘及 4 个功能键，6 个信号指示灯，一个用于和 PC 机通信用的 100M 以太网接口。测控装置前面板插件配有独立的微处理器来完成显示、通信和人机接口等功能。NS3560 正视图如图 4-23 所示，NS3560 背视图如图 4-24 所示。

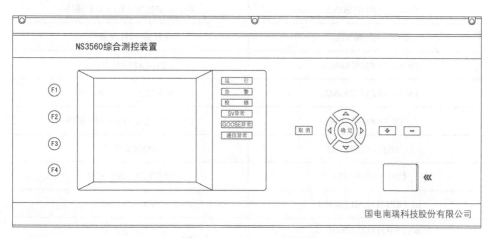

图 4-23　NS3560 正视图

3. NS3560 系列测控装置插件功能

测控装置插件可根据不同工程需求灵活配置，满足传统、数字化测控的不同需求。插件型号及功能描述见表 4-42 NS3560 系列测控装置插件型号及功能描述。

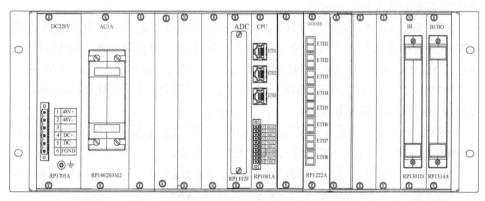

图 4-24　NS3560 背视图

表 4-42　　　　　　NS3560 系列测控装置插件型号及功能描述

插件型号	功能描述
DC 220V/DC 110V（RP1705）	直流电源插件
DC 220V/DC 110V（RP1701）	直流电源插件
TA/TV（RP1402B3M2）	1A/5A 交流头（5U＋4I）插件
3TV（RP1402G2）	交流头（12U）插件
TA/TV（RP1402B6M2）	TA/TV（RP1402B6M2）
TA/TV（RP1402A6M3）	1A/5A 交流头（6U＋6I）插件
TA/TV（RP1402A6M5）	1A/5A 交流头（6U＋6I）插件
GOOSE（RP1222A）	GOOSE 插件
CPU（RP1001/2）	中央处理及通信插件
BI（RP1301D/RP1301E）	强电开入插件
BIO（RP1314A/1314B）	开入开出混合插件
ADC（RP1102F/E）	AD 采样插件
AI（RP1481A）	直流输入插件
BS（RP1318A）	闭锁插件（16 路出口）
BS（RP1318D）	闭锁插件（8 路出口）
BO（RP1316A）	遥控插件

三、南瑞继保 PCS-9705 系列常规/智能测控装置介绍

PCS-9705 系列测控装置用于变电站间隔层数据和信号的测量和控制，该系列装置采用了面向对象的设计思想，具有统一的软件和硬件平台。

1. PCS-9705 测控装置型号分类

PCS-9705 测控装置型号分类见表 4-43。

表 4-43　　　　　　　　　PCS-9705 测控装置型号分类

装置型号	主要监控对象
PCS-9705A	变电站内高压开关单元
	变压器本体及低压侧
	变压器分接头调节
	高压并联电抗器
PCS-9705B	站内公共信号
	母线设备
PCS-9705C	3/2 接线方式的中、边开关带线路单元的测控
	主变压器低压侧双分支
	0.4kV 所用变压器

2. PCS-9705 测控装置结构

PCS-9705A-H2（常规站）和 PCS-9705A-D-H2（智能站）配置图如图 4-25～图 4-27 所示。

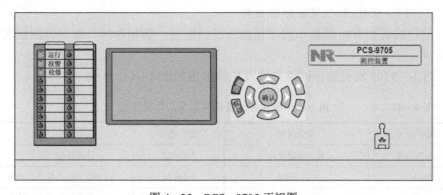

图 4-25　PCS-9705 正视图

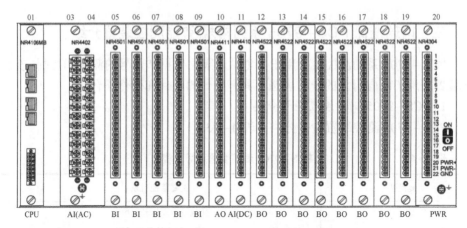

图 4-26　PCS-9705（常规站）背视图

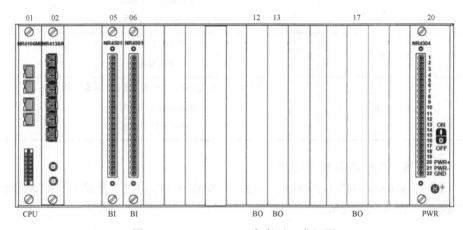

图 4-27　PCS-9705（智能站）背视图

3. PCS-9705 测控装置插件功能

测控装置插件可根据不同工程需求灵活配置，满足传统、数字化测控的不同需求。

PCS-9705 测控装置插件型号及功能描述见表 4-44。

表 4-44　　　　　　　PCS-9705 测控装置插件型号及功能描述

插件型号	功能描述	插件型号	功能描述
NR4304	直流电源插件	NR4522	开关量输出插件
NR4106	CPU 插件	NR4138	SV/GOOSE 光纤通信插件
NR4402	交流模拟量输入插件	NR4410	直流输入 AI（DC）插件
NR4501	开关量开入插件	NR4411	直流输出 AO（DC）插件

四、北京四方 CSI－200EA 系列常规测控装置介绍

CSI－200EA 数字式综合测量控制装置主要用于变电站自动化系统，也可单独使用作为普通测控装置。CSI－200EA 数字式综合测量控制装置按间隔设计，主要用于 110kV 及以上电压等级。这类间隔包括：主变压器（高压、中压、低压）间隔、110kV 出线间隔、220kV 出线间隔、500kV 出线间隔、750kV 出线间隔、母联间隔、旁路间隔、小间间隔、整个变电站间隔（指一个站内公共部分）等。

1.测控装置硬件介绍机箱结构

CSI－200EA 测控装置为 19in4U 标准机箱，采用前插拔组合结构，强弱电回路分开，弱电回路采用背板总线方式，强电回路直接从插件上出线，进一步提高了硬件的可靠性和抗干扰性能。各 CPU 插件间通过母线背板连接，相互之间通过内部总线进行通信，这就保证了各插件位置可互换，使得测控装置的功能可灵活配置，满足用户的不同需求。

CSI－200EA 常规站测控装置的单插件最大可配置原则为：交流插件最多 3 块（8U4I、6U6I、4U3I、8U 型号交流插件）；开入插件最多 2 块（96 路开入）；开出插件最多 4 块（56 路）；直流温度插件最多 2 块（10 路开入）；管理插件 1 块。工程前期根据现场实际需要进行配置。装置前面板如图 4－28 所示，装置背板端子如图 4－29 所示。

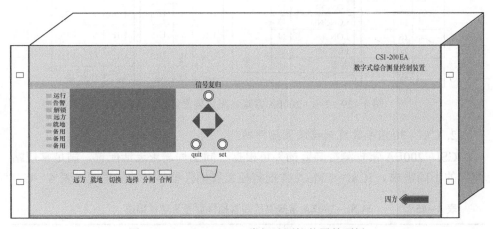

图 4－28 CSI－200EA 常规站测控装置前面板

电源插件

	c	a
2	R24V+ 输出	
4		
6		
8		
10	R24V- 输出	
12		
14		
16	直流消失	
18		
20	+220V	
22		
24		
26	-220V	
28		
30		
32	⏚	

直流插件

c		a
DT1+	2	
DT1-	4	
DT2+	6	
DT2-	8	
DT3+	10	
DT3-	12	
DT4+	14	
DT4-	16	
DT5+	18	
DT5-	20	
	22	
	24	
	26	
	28	
	30	
	32	

开入扩展插件

c		a
开入25	2	开入37
开入26	4	开入38
开入27	6	开入39
开入28	8	开入40
开入29	10	开入41
开入30	12	开入42
开入31	14	开入43
开入32	16	开入44
COM1	18	COM3
开入33	20	开入45
开入34	22	开入46
开入35	24	开入47
开入36	26	开入48
COM2	28	COM4
	30	
	32	

开入插件

c		a
开入1	2	开入13
开入2	4	开入14
开入3	6	开入15
开入4	8	开入16
开入5	10	开入17
开入6	12	开入18
开入7	14	开入19
开入8	16	开入20
COM1	18	COM3
开入9	20	开入21
开入10	22	开入22
开入11	24	开入23
开入12	26	开入24
COM2	28	COM4
GPS1	30	
GPS2	32	

开出插件

c		a
	2	
	4	
	6	
	8	
	10	
	12	
	14	
	16	
	18	
	20	
	22	
	24	
	26	
	28	
	30	
	32	

管理插件

备用	1	
打印发	2	
打印收	3	
打印地	4	
485-2B	5	
485-2A	6	
485-1B	7	以太网
485-1A	8	
GPS	9	
GPSGND	10	
LON-2A	11	
LON-2B	12	
LONGND	13	
LON-1A	14	
LON-1B	15	
备用	16	

交流插件

b		a
I1'	1	I1
I2'	2	I2
I3'	3	I3
I4'	4	I4
I5'	5	I5
I6'	6	I6
U2c	7	U2b
U2n	8	U2a
U1c	9	U1b
U1n	10	U1a
⏚	11	⏚

交流插件

b		a
I1'	1	I1
I2'	2	I2
I3'	3	I3
I4'	4	I4
U4n	5	U4
U3n	6	U3
U2c	7	U2b
U2n	8	U2a
U1c	9	U1b
U1n	10	U1a
⏚	11	⏚

图4-29　CSI-200EA常规站测控装置背板端子示例

2. CSI-200EA常规测控装置插件功能

CSI-200EA常规测控装置插件可根据不同工程需求灵活配置，满足常规站测控的不同需求。5CSI-200EA常规测控装置插件型号及功能描述见表4-45。

表4-45　　　5CSI-200EA常规测控装置插件型号及功能描述

插件型号	功能描述
DC 220V	直流电源插件
DC 110V	直流电源插件

插件型号	功能描述
交流 CPU 插件	6U6I 交流插件 1A/5A
交流 CPU 插件	8U4I 交流插件 1A/5A
交流 CPU 插件	4U3I 交流插件 1A/5A
交流 CPU 插件	8U 交流插件
开入 CPU 插件	24 路强电开入插件 DC 110V
开入 CPU 插件	48 路强电开入插件 DC 110V
开入 CPU 插件	24 路强电开入插件 DC 220V
开入 CPU 插件	48 路强电开入插件 DC 220V
开出 CPU 插件	14 路开出插件
开出 CPU 插件	10 路开出插件（长期保持）
直流 CPU 插件	4～20mA 直流插件
直流 CPU 插件	0～5V 直流插件

五、北京四方 CSI-200EA/E 系列智能测控装置介绍

CSI-200EA/E 智能站测量控制装置，主要用于智能变电站自动化系统，也可单独使用作为智能化测控装置。CSI-200EA/E 智能站测量控制装置按间隔设计，主要用于 110kV 及以上电压等级。这类间隔包括：主变压器（高压、中压、低压）间隔、110kV 出线间隔、220kV 出线间隔、500kV 出线间隔、750kV 出线间隔、母联间隔、旁路间隔等。

1. 测控装置硬件介绍机箱结构

CSI-200EA/E 数字化测控装置采用 19in（1in=2.54cm）4U 标准机箱，与常规装置相比，数字化测控多配置了 SV 插件和 GOOSE 插件，CSI-200EA/E 数字化测控装置前面板如图 4-30 所示，CSI-200EA/E 数字化测控装置后背板端子如图 4-31 所示。

2. 智能站 CSI-200EA 装置插件配置

智能站 CSI-200EA/E 装置中 SV 和 GOOSE 插件可以根据用户需求灵活配置，主要有以下 4 种配置方式：

配置 1：SV+GOOSE+开入插件，SV 插件可配 0～2 块，GOOSE 插件可配 0～3 块，开入插件 1 块。

配置 2：SV+SVGO+GOOSE+开入插件，SV 插件可配 0～1 块，SVG0 插件只可配 1 块；GOOSE 插件可配 0～2 块，开入插件 1 块。

配置 3：模拟交流插件+SV+GOOSE+开入插件，模拟交流插件 1 块，SV

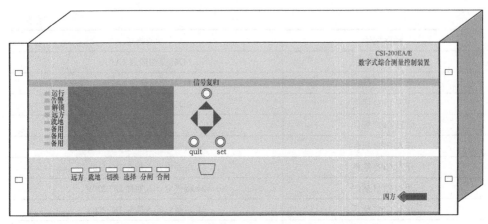

图 4-30 CSI-200EA/E 数字化测控装置前面板

电源插件		开出插件		开入插件		管理插件	GOOSE插件	SV插件
c	a	c	a	c	a			
2	R24V+ 输出	— 2		开入1	2 开入13		○ TX1	○ TX1
4		4		开入2	4 开入14	1		
6		— 6		开入3	6 开入15	2	○ RX1	○ RX1
8		8		开入4	8 开入16	3		
10	R24V- 输出	— 10		开入5	10 开入17	4	○ TX2	○ TX2
12		12		开入6	12 开入18	5		
14		— 14		开入7	14 开入19	6	○ RX2	○ RX2
16	直流消失	16		开入8	16 开入20	7		
18		— 18		COM1	18 COM3	8	○ TX3	○ TX3
20	+220V	20		开入9	20 开入21	9		
22		— 22		开入10	22 开入22	10	○ RX3	○ RX3
24		24		开入11	24 开入23	11		
26	-220V	— 26		开入12	26 开入24	12		
28		28		COM2	28 COM4			
30		30		GPS1	30			
32	⏚	32		GPS2	32			

图 4-31 CSI-200EA/E 数字化测控装置后背板端子示例

插件可配 1 块，GOOSE 插件可配 0~2 块，开入插件 1 块。

　　配置 4：模拟交流插件＋GOOSE＋开入插件，模拟交流插件 0~2 块，GOOSE 插件可配 0~2 块，开入插件 1 块。

CSI-200EA/E 装置插件见表 4-46。

表 4-46　　　　　　　　　　CSI-200EA/E 装置插件

插件型号	功能描述
DC 220V	直流电源插件
DC 110V	直流电源插件

插件型号	功能描述
交流 CPU 插件	6U6I 交流插件 1A/5A
交流 CPU 插件	8U4I 交流插件 1A/5A
交流 CPU 插件	4U3I 交流插件 1A/5A
交流 CPU 插件	8U 交流插件
开入 CPU 插件	24 路强电开入插件 DC 110V
开入 CPU 插件	48 路强电开入插件 DC 110V
开入 CPU 插件	24 路强电开入插件 DC 220V
开入 CPU 插件	48 路强电开入插件 DC 220V
SV 插件	SV 插件点对点/组网
GOOSE 插件	GOOSE 插件点对点/组网
SV/GO 合一插件	SV/GO 合一插件

六、国电南京自动化股份有限公司 PSR 660U 系列常规/智能测控装置介绍

PSR 660U 系列变电站测控装置分为半层机箱 PSR662U 测控和整层机箱 PSR 661U 测控，其中 PSR662U 测控装置多应用于出线、主变压器间隔；PSR 661U 测控装置一般适用于公共测控或者母线测控。PSR 660U 系列非"四统一"测控装置，采用分布式架构，开入板、开出板、交流采样板、数字化模块等作为子板可以自由组合配置，广泛应用于 10～1000kV 常规变电站、数字化变电站、智能变电站中。测控装置采用系统总线设计，可靠性高、抗干扰强。

1. PSR 660U 测控装置型号分类

PSR 660U 系列测控装置外观上分为 19in6U 标准机箱和 19/2in6U 标准机箱两种，均采用背插式结构。背插式结构即插件从装置的背后插拔，整底板安装插座，位于机箱的前部，底板为整印制板，各插座间的连线在底板上，使测控装置在功能配置上具有很强的灵活性，可以根据用户的需要更换或增减部分模块，扩充或更改装置的功能。

PSR662U 测控装置：半层 6U 插箱结构，适用于 110～500kV 线路、母线分段、主变压器单侧等。在模拟采样硬节点跳闸的变电站，典型配置为 2DI 模块，1 块 DO 模块，1 块 AC-1 模块，最多采集 64+5 点遥信信号（其中 64 路外部遥信信号、5 路内部开入信号），遥控控制八个对象，对每个对象进行经过防误闭锁逻辑的分、合操作和手动闭锁操作，防误闭锁逻辑可以组态。测控装置输出八路防误闭锁触点进行相应手动操作的防误闭锁。也可配置 TDAC 温度接入

模块支持 4 路电阻型或电流 4～20mA 型温度输入。在数字化变电站、智能变电站中，需要配置数字化 STI 模块（型号为 PSR 660U–STI–U），该模块支持 128 个 GOOSE 开入，SV 接入支持 6 个电压 6 个电流，12 路温度直流量接入。

PSR661U 测控装置：整层 6U 插箱结构，适用于 110～500kV 母线间隔或公用间隔。在模拟采样硬节点跳闸的变电站，典型配置为 4DI 模块，1 块 DO 模块，1 块 AC–U 模块，最多采集 128＋5 点遥信信号（其中 64 路外部遥信信号、5 路内部开入信号）。控制 8 个对象，对每个对象进行经过防误闭锁逻辑的分、合操作和手动闭锁操作，防误闭锁逻辑可以组态。测控装置输出八路防误闭锁触点进行相应手动操作的防误闭锁。在数字化变电站、智能变电站中，需要配置数字化 STI 模块（型号为 PSR 660U–STI–2），该模块支持 128 个 GOOSE 开入，SV 接入支持 12 个电压，12 路温度直流量接入。

2. PSR 660U 测控装置结构示意

PSR 660U 系列测控装置每个子模块占用 1 个 CPU 号，CPU 号码的说明如下：装置的各模块地址号按如下原则定：CPU 模块总为 1 号，电源为 2 号，其他按插槽位从 3 依次后视从右往左开始数，每隔 25mm 宽地址号加一，交流模块按后视左侧插槽算地址号。19/2in 机箱配置示意图（背视）如图 4–32 所示，19in 机箱配置示意图（背视）图 4–33 所示。

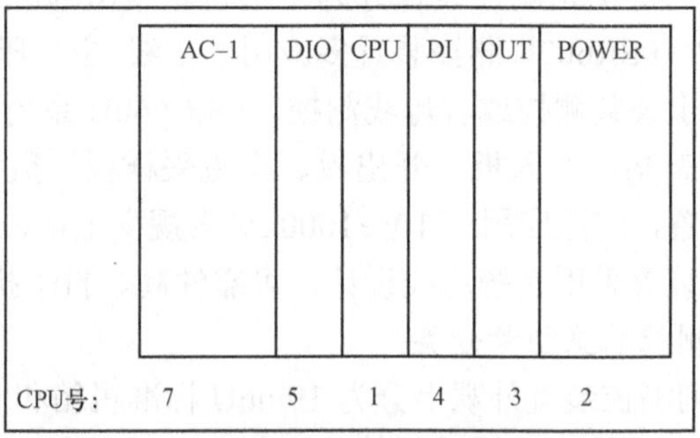

AC–1	DIO	CPU	DI	OUT	POWER
CPU号：7	5	1	4	3	2

图 4–32　19/2in 机箱配置示意图（背视）

AC–1	AC–2				CPU		TDIO		DI	DI	OUT	OUT	POWER
16	14	12	11	10	1	9	8	7	6	5	4	3	2

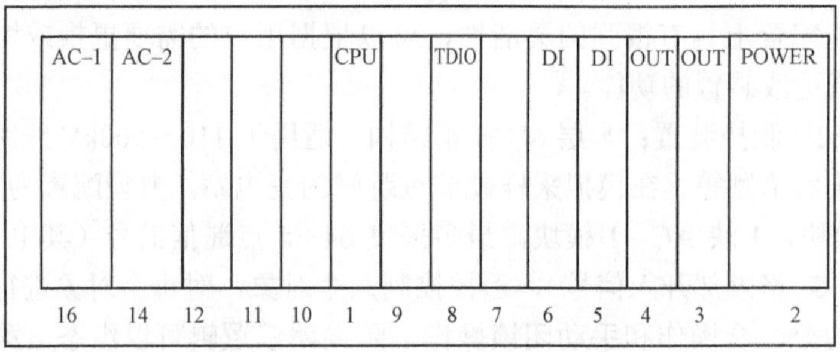

图 4–33　19in 机箱配置示意图（背视）

3. PSR 660U 测控装置模块说明

PSR 660U 测控装置插件可根据不同工程需求灵活配置，满足传统、数字化测控的不同需求。插件型号及功能描述见表 4－47。

表 4－47　　　　　　　　测 控 装 置 模 块 列 表

插件型号	功能描述
PSR 660U－MMI	CPU 插件：两路百兆光纤以太网、两路百兆 RJ－45 以太网、一路光口 IRIG－B（DC）对时接口、一路 RS485 IRIG－B 对时接口组成
PSR 660U－DI	开入采集插件：开入电源可选择直流 220V 或 110V；其中 32 路共用一个公共端，开入公共端连接到装置负电源
PSR 660U－DO	开出插件：每块插件设计有 14 路空节点开出，每路输出脉冲的长短通过定值参数设置
PSR 660U－AC－1	AC－1 插件可采集三路线电压 U_a、U_b、U_c，线路同期电压 U_{sa}，三相电流 I_a、I_b、I_c 等 7 路交流信号，测量计算各路电压、电流的有效值，具备同期功能
PSR 660U－AC－2	AC－2 插件可采集三路线电压 U_1、U_2、U_3、U_4、U_5、U_6，线路同期电压 U_s，三相电流 I_a、I_b、I_c 等 12 路交流信号，并计算三相电压的有效值、有功功率、无功功率、功率因数、母线电压频率，具备同期功能
PSR 660U－LDIO	LDIO 模块具有 8 路磁保持空触点输出和 16 路开入，LDIOA 模块具有 6 路磁保持空触点输出和 23 路开入。两个模块都可以定义双位遥信，并具有双位遥信异常输出信号。保持触点主要用于配合间隔五防实现硬闭锁
PSR 660U－TDCA	TDCA 模块可接驳 4 路三线制 RTD 传感器，可选择 Cu50、Cu100 或 Pt100 不同的 RTD 来测量 $-30\sim120℃$ 的温度；还有 8 路弱电直流量采集回路，各回路之间独立不共地，可采集 $0\sim5V$、$4\sim20mA$ 直流量，不同量程配置有硬件跳线进行选择
PSR 660U－AC－U	用于采集 4 组 12 路电压
PSR 660U－STI－2	本模块可接入二路 9－1/9－2 类型或二路 FT3 类型的数字化采样值通道，通道采用 IEC 60044－8－2002《互感器　第 8 部分：电子电流互感器》规范的通用数据集格式传递采样值数据，传入两路由 3 个相电压，3 个测量相电流和 1 个抽取电压采样值组成的采样值数据帧。本模块具备采样电压电流和功率的功能，本模块依据通道送入的采样值数据计算出两路：本模块可通过双 GOOSE 网接口接入最多 128 个开入量，和送出最多 72 个开出量，对外提供 128 个遥信量（即 128 个 GOOSE 开入）以及 55 个状态虚遥信（其中 6 个 MV 通信状态，32 个 GOOSE 通信状态，12 个磁保持触点状态、4 个常规开入信号和 1 个备用遥信），32 个遥控对象（遥控对象分操作在前，合操作在后），以及 12 个磁保持遥控对象
PSR 660U－STI－U	本模块可接入最多 12 路电压采样值数据，12 路电压分为 4 组，每组包括 U_a、U_b、U_c 三个相电压，不同的电压组可以通过同一个数字化采样值通道送入，也可以通过多个数字化采样值通道送入。 本模块可通过双 GOOSE 网接口接入最多 128 个开入量，和送出最多 72 个开出量，对外提供 128 个遥信量（即 128 个 GOOSE 开入），以及 55 个状态虚遥信（其中 6 个 MV 通信状态，32 个 GOOSE 通信状态，12 个磁保持触点状态，4 个常规开入信号和 1 个备用遥信），32 个遥控对象（遥控对象分操作在前，合操作在后），以及 12 个磁保持遥控对象

七、许继电气 FCK－800C 系列常规测控装置介绍

FCK－800C 系列变电站测控装置是以变电站内不同间隔（线路、母联、母

线、变压器、电抗器等间隔）为监控对象的智能监控设备，通过配置方案适应不同间隔的信息采集。FCK-800C系列变电站测控装置既采集本间隔的实时信号，又可与其他间隔测控装置通信，同时通过双以太网接口直接上网与站级计算机系统相连，构成面向对象的分布式变电站计算机监控系统，广泛应用于1000kV及以下电压等级常规变电站监控系统。

1. FCK-800C系列测控装置型号分类

FCK-801C系列：标准6U半宽机箱，主要用于220kV及以下电压等级的间隔层测控单元，具有全范围高精度测量、高可靠性控制、完备的间隔层监视、间隔层逻辑闭锁等功能特点，支持IEC 61850和TCP 103通信协议。该系列装置按不同的应用环境提供对应的典型化配置模板，见表4-48 FCK-801C装置的典型化配置模板。

表4-48　　　　　　　　　FCK-801C装置的典型化配置模板

序号	版本型号	应用环境和资源配置
1	FCK-801C/R1/1	应用环境：线路、母联、主变压器单侧测控，带隔离开关闭锁，64路通信。 资源配置：3I4U，3路直流，64路开入，1组断路器遥控，6组隔离开关遥控（带锁），1组手合同期，1组直控
2	FCK-801C/R1/2	应用环境：线路、母联、主变压器单侧测控，带隔离开关闭锁，48路通信。 资源配置：3I4U，3路直流，48路开入，1组断路器遥控，6组隔离开关遥控（带锁），1组手合同期，1组直控
3	FCK-801C/R1/3	应用环境：主变压器本体测控或主变压器单侧带本体测控。 资源配置：3I4U，3路直流，64路开入，1组断路器遥控，5组隔离开关遥控（带闭锁），1组手合同期，1组有载调压，1组直控
4	FCK-801C/R1/4	应用环境：主变压器各侧合一测控。 资源配置：6I6U，3路直流，64路开入，2组断路器遥控，7组隔离开关遥控（无闭锁），1组有载调压，3组直控
5	FCK-801C/R1/5	应用环境：母线测控，64路遥信。 资源配置：12U，3路直流，64路开入，6组隔离开关遥控（带闭锁），4组直控
6	FCK-801C/R1/6	应用环境：母线测控，48路遥信。 资源配置：12U，3路直流，48路开入，6组隔离开关遥控（带闭锁），4组直控
7	FCK-801C/R1/7	应用环境：线路、母联、主变压器单侧测控，不带隔离开关闭锁；线变组测控。 资源配置：3I4U，3路直流，64路开入，1组断路器遥控，8组隔离开关遥控（无闭锁），1组有载调压，1组手合同期，2组直控
8	FCK-801C/R1/8	应用环境：公用测控；站用变压器测控；发电机或辅助设备测控。 资源配置：6I6U，3路直流，64路开入，6组选控，12组直控
9	FCK-801C/R1/9	主要用于工业用户，公用测控及主变压器各侧合一测控（无载调压）。 资源配置：6I6U，3路直流，64路开入，9组选控，6组直控
10	FCK-801C/R1/10	应用环境：主要用于工业用户，线路、母联、主变压器单侧测控。 资源配置：3I4U，3路直流，64路开入，1组断路器遥控，8组隔离开关遥控，1组手合同期，5组直控
11	FCK-801C/R1/11	应用环境：主要用于工业用户，母线测控。 资源配置：12U，3路直流，64路开入，8组隔离开关遥控，8组直控

序号	版本型号	应用环境和资源配置
12	FCK-801C/R1/12	应用环境：改造兼容替代 FCK-801，线路、母联、主变压器单侧测控。 资源配置：4I8U，3 路直流，48 路开入，1 组断路器遥控，10 组隔离开关遥控（无闭锁），1 组手合同期，1 组直控
13	FCK-801C/R1/13	应用环境：改造兼容替代 FCK-802，公用变压器、主变压器两侧测控。 资源配置：6I6U，3 路直流，48 路开入，10 组隔离开关遥控（无闭锁），1 组有载调压/2 组直控可选

　　FCK-851C 系列：标准 6U 全宽机箱，适用于 1000kV 及以下电压等级的间隔层测控单元，具有全范围高精度测量、高可靠性控制、完备的间隔层监视、间隔层逻辑闭锁等功能，支持 IEC 61850 和 TCP 103 通信协议。该系列装置按不同的应用环境提供对应的典型化配置模板，见表 4-49。

表 4-49　　　　　　　FCK-851C 装置的典型化配置模板

序号	版本型号	应用环境和资源配置
1	FCK-851C/R1/1	适用范围：220kV 及以上线路、母联测控。 资源配置：3I4U，72 路开入（双点 11 个、内部单点 8 个，外部单点 42 个），32 路开出（24 路经启动，8 路不经启动），含同期功能，（预置双母线、单母线及母联的主接线图）
2	FCK-851C/R1/2	适用范围：220kV 及以上主变压器单侧、线路、母联测控（带挡位） 资源配置：3I4U，6 路直流，96 路开入（双点 12 个、内部单点 8 个，挡位开入 6 个，外部单点 58 个），32 路开出（24 路经启动，8 路不经启动），含同期功能（预置双母线、单母线及母联的主接线图）
3	FCK-851C/R1/3	适用范围：TV 测控。 资源配置：12U，72 路开入（双点 8 个、内部单点 4 个，外部单点 52 个），48 路开出（其中 8 路不经启动）（预置双母线、单母线分段）
4	FCK-851C/R1/4	适用范围：110kV 及以下主变压器 3 侧测控。 资源配置：12I12U，6 路直流，120 路开入（双点 13 个、内部单点 10 个，挡位开入 6 个，外部单点 78 个），48 路开出
5	FCK-851C/R1/5	适用范围：3/2 接线线路（断路器）测控。 资源配置：6I6U，120 路开入（双点 11 个、内部单点 8 个，外部单点 90 个），48 路开出，含同期功能
6	FCK-851C/R1/6	适用范围：公用测控。 资源配置：6I6U + 12U，12 路直流，144 路开入（双点 12 个、内部单点 6 个，外部单点 114 个），32 路开出
7	FCK-851C/R1/7	适用范围：500kV 站用变压器测控（本体测控）。 资源配置：6I6U + 6I6U，12 路直流测量，144 路开入（双点 8 个、内部单点 7 个，挡位开入 18 个，外部单点 103 个），32 路开出
8	FCK-851C/R1/8	适用范围：TV 测控兼公用测控。 资源配置：24U，12 路直流、120 路开入（双点 12 个、内部单点 4 个，外部单点 92 个），48 路开出（其中 8 路不经启动）（预置单母线分段）
9	FCK-851C/R1/9	适用范围：3/2 接线线路（高压电抗器）测控。 资源配置：3I4U，12 路直流，72 路开入（双点 3 个、内部单点 4 个，外部单点 62 个），32 路开出

2. FCK-800C 系列测控装置结构示例

FCK-801C 系列测控装置采用标准 6U 半宽机箱,从背视看装置最右边位置的插槽上安装交流插件,以后依次是开入开出插件 1～4、CPU 插件,电源插件安装在最左边位置的插槽上。FCK-801C 测控装置正视图如图 4-34 所示,FCK-801C 测控装置插件布置背视如图 4-35 所示。

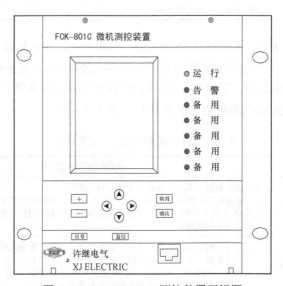

图 4-34　FCK-801C 测控装置正视图

7	6	5	4	3	2	1
电源插件	CPU插件	开入开出插件4	开入开出插件3	开入开出插件2	开入开出插件1	交流插件

图 4-35　FCK-801C 测控装置插件布置背视图

FCK-851C 系列测控装置采用标准 6U 全宽机箱,从背视图看测控装置最右边位置的插槽上安装交流插件 1～2,以后依次是直流插件 1～2、采集插件、CPU插件、开入插件 1～4、扩展插件、开入插件 5、开入插件 6、开出插件 3、开出插件 2、开出插件 1,通信插件,电源模件安装在最左边位置的插槽上。FCK-851C测控装置正视图如图 4-36 所示,FCK-851C 测控装置插件布置背视如图 4-37所示。

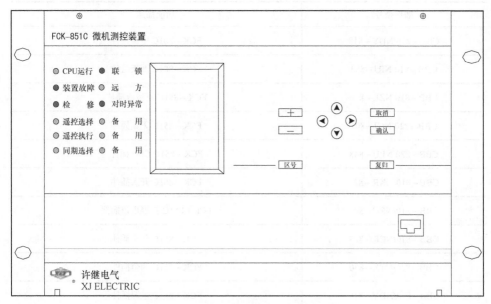

图4-36　FCK-851C测控装置正视图

I	H	G	F	E	D	C	B	A	9	8	7	6	5	4	3	2	1
电源	CPU0		开出1	开出2	开入6/开出3	开入5	扩展	开入4	开入3	开入2	开入1	CPU1	采集	直流2	直流1	交流2	交流1

图4-37　FCK-851C测控装置插件布置背视图

3. FCK-800C系列测控装置插件功能

FCK-800C装置插件选型见表4-50。

表4-50　　　　　　　　　　FCK-800C装置插件选型

插件型号	功能描述
CBB-810/NJL-802（803、804）	FCK-801C/FCK-851C 交流插件 4I8U/3I4U（6I6U、12U）
CBB-810/NKR-821	FCK-801C 开入开出插件
CBB-810/NPU-844	FCK-801C CPU 插件

插件型号	功能描述
CBB – 810/NDY – 818	FCK – 801C 电源插件
CBB – 810/NRJ – 883	FCK – 801C 面板组件
CBB – 810/NZL – 810	FCK – 851C 直流流插件
CBB – 820/NCJ – 801	FCK – 851C 采集插件
CBB – 820/NPU – 848	FCK – 851C CPU 插件
CBB – 810/NKR – 822	FCK – 851C 开入插件
CBB – 810/NRC – 807	FCK – 851C 扩展出口插件
CBB – 810/NCK – 829	FCK – 851C 开出插件
CBB – 820/NTX – 830	FCK – 851C 通信插件
CBB – 810/NDY – 818	FCK – 851C 电源插件
CBB – 810/NRJ – 884	FCK – 851C 面板组件

八、许继电气 FCK – 851B/G 系列智能测控装置介绍

FCK – 851B/G 数字式测控装置采用高性能、可信赖、功能强大的许继新一代硬件平台，充分考虑冗余及功能扩展；软件设计采用可视化的逻辑开发工具VLD，在 VLD 的开发环境下所有的功能都是由可视化的柔性继电器组成，实现装置功能的完全透明化设计；软件运行时"日志系统"日志信息记录及功能逻辑信息"黑匣子"记录实现异常情况的快速、准确定位。

FCK – 851B/G 数字式测控装置采用整体面板、标准 4U 全宽机箱，插件后插拔，强弱电回路严格分开，大大提高了装置的抗干扰能力；测控装置广泛应用于 750kV 及以下电压等级智能变电站监控系统。

1. FCK – 851B/G 系列测控装置型号分类

FCK – 851B/G 系列：标准 4U 全宽机箱，主要用于 750kV 及以下电压等级的间隔层测控单元，具有全范围高精度测量、高可靠性控制、完备的间隔层监视、间隔层逻辑闭锁等功能特点，支持 IEC 61850 通信协议。FCK – 851B/G 系列测控装置按不同的应用环境提供对应的软件版本，见表 4 – 51。

表 4-51 　　　　　　　　FCK-851B/G 软件版本划分

序号	版本型号	应用环境
1	FCK-851B/G1/R1	220kV 及以下电压等级线路（母联、主变压器单侧）测控
2	FCK-851B/G1/R3	母线测控
3	FCK-851B/G1/R5	主变压器三侧测控
4	FCK-851B/G1/R6	公用测控
5	FCK-851B/G5/R1	3/2 接线断路器（线路）测控

2. FCK-851B/G 系列测控装置结构示例

FCK-851B/G 系列测控装置采用标准 4U 全宽机箱，从背视看装置从右到左插槽依次安装的是 NPI 插件、CPU 插件、开入插件、开入插件、电源模件。FCK-851B/G 测控装置正视图如图 4-38 所示，FCK-851B/G 测控装置插件布置背视图如图 4-39 所示。

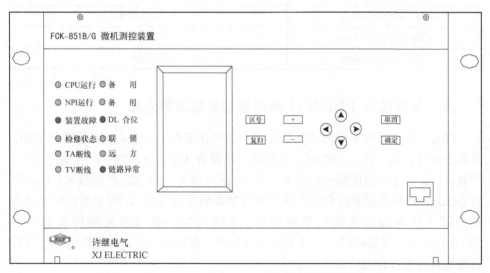

图 4-38　FCK-851B/G 测控装置正视图

3. FCK-851B/G 系列测控装置插件功能

FCK-851B/G 装置插件选型见表 4-52。

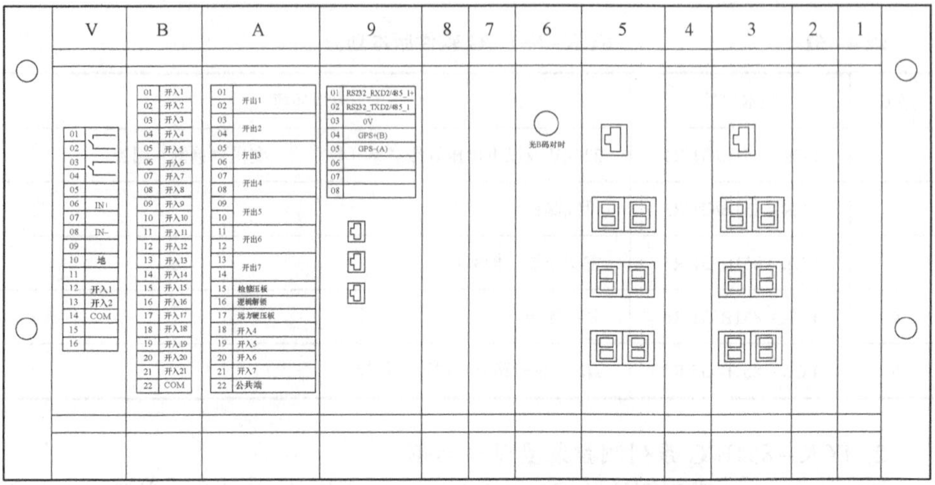

图 4-39　FCK-851B/G 测控装置插件布置背视图

表 4-52　　　　　　　　　　　FCK-851B/G 装置插件选型

插件型号	功能描述
CBB-820/NPI-8100	NPI 插件
CBB-820/NPU-8103	CPU 插件
CBB-820/NRC-8102	开入开出插件
CBB-820/NKR-8103	开入插件
CBB-820/NRJ-8103	面板组件

九、长园深瑞 PRS7741 系列常规测控装置介绍

PRS-7741 系列单元测控装置是基于数字化变电站 IEC 61850 标准开发的，具有全开放式数字接口，既可以与智能一次设备（光电互感器、一次智能开关）无缝接口，也兼容传统的一次设备，支持 IEC 61850 协议的站控层接入、间隔层的 GOOSE 闭锁互联和过程层的电子式互感器数字信号接入，可灵活地用于部分或全部采用智能一次设备的变电站。PRS-7741 系列单元测控装置按照 IEC 61850 协议提供接口，无须关注网络类型，实现灵活组网，可以适用于过程层直采直跳或各种组网方式。

1. PRS7741 测控装置型号分类

PRS7741 型测控装置：装置采用标准 4U（半层）机箱，后插式结构，可完全满足数字变电站快速发展及应用需求，既可以与智能一次设备无缝接口，同时也兼容传统的一次设备，可灵活地用于部分或全部采用智能一次设备的变电站。过程层完全按照 IEC 61850-9 数据传输协议，实现互感器数字信号接入与共享；间隔层可通过 GOOSE 实现信号闭锁互联。测控装置对外校时可采用 IRIG－B 码信号校时，或 IEEE 1588 同步时钟报文校时，并支持国家电网有限公司时钟同步管理功能。测控装置可提供一个间隔单元的全部重要遥测信息，包括三相电流、母线电压、线路电压、频率、有功功率、无功功率、视在功率、功率因数、直流模拟量等，测控装置还可提供高达 13 次谐波测量。测控装置支持 32 路遥控开出，一路断路器遥控开出，4 路隔离隔离开关遥控开出，4 路接地开关遥控开出，23 路备用遥控出口。测控装置同时支持 4 路直控，对应 IEC 61850 标准的"direct control with normal security"普通安全型直接控制的控制方式。测控装置每一路遥控均具有逻辑闭锁功能，该功能可以通过五防控制字进行设置，即每一路遥控均可设置为"闭锁"或"不闭锁"。五防控制字采用了 16 进制的显示方式，每一个 16 进制数代表着 4 路遥控，当某一路遥控的对应的二进制数置为 0 时，则该路遥控通道不判五防逻辑；若置为 1 时，则该路遥控通道判五防逻辑。测控装置可实现一条线路的同期输出，装置的"手合同期""测控远方操作"开入提供 GOOSE 开入和硬触点开入两种，即可采集智能终端上送的 GOOSE 开入信号，也可通过在测控屏安装切换操作把手实现同期合闸。

2. PRS7741 测控装置结构示例

PRS7741 测控装置采用半层 4U 机箱；装置标配由电源板、管理板、测控开入板、通信测控板和总线背板（面板）组成。PRS7741 测控装置 4U 半层机箱正视图如图 4－40 所示、PRS7741 测控装置 4U 半层机箱背视图如图 4－41 所示。

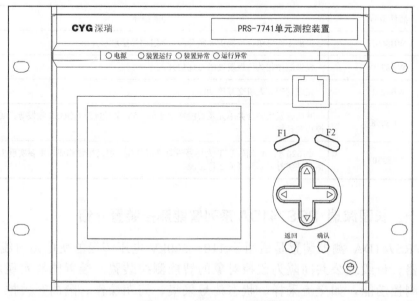

图 4－40　PRS7741 正视图

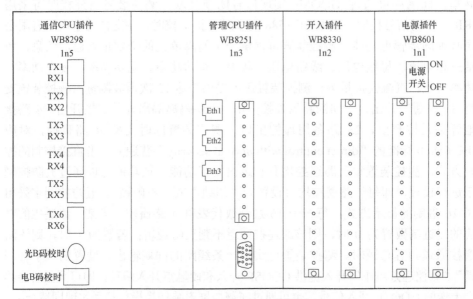

图 4-41　PRS7741 背视图

3. PRS7741 测控装置插件功能

PRS7741 装置插件见表 4-53。

表 4-53　　　　　　　　　　　　**PRS7741 装置插件**

插件型号	功能描述
WB8601	提供工作电源。可提供 8 路开入、2 组信号空触点开出
WB8330	提供测控相关压板及硬触点遥信开入
WB8251	完成管理、人机交互等功能
WB8298	通信收发板和合并单元及智能终端通信，SV 采样以及 GOOSE 收发等；实现测控相关计算
TY8230	由 320×240 点阵 TFT 大屏幕带背光液晶显示屏及按键构成，主要实现人机对话，并实时显示装置的运行工况

十、长园深瑞 PRS741DA 系列智能测控装置介绍

PRS741DA 测控装置是适用于 110～500kV 电压等级的变电站内线路、变压器、母线或公共间隔为监控对象的智能测控装置。装置能够实现本间隔的测控功能，如交流采样、状态信号采集、同期操作、隔离开关控制、全站防误闭锁、顺控等功能。测控装置支持模拟量采样。测控装置跳合闸

命令和其他信号输出，既支持传统硬触点方式，也支持站控层 GOOSE 输出方式。

1. PRS741DA 测控装置型号分类

PRS741DA 型：测控装置采用 AC 交流采样，可提供一个间隔单元的全部重要遥测信息，包括三相电流、母线电压、线路电压、频率、有功功率、无功功率、视在功率、功率因数等。测控装置还可提供高达 13 次谐波测量。测控装置支持 12 路直流量采集及 1 路挡位采集。测控装置可提供 104 个硬触点遥信开入（72 路单点遥信，16 组双点遥信），每一个硬触点开入可单独设置防抖时间，遥信可配置为单/双点信号上送。测控装置支持 9 路遥控开出，1 路断路器遥控开出，4 路隔离隔离开关遥控开出，4 路接地开关遥控开出。测控装置每一路遥控均具有逻辑闭锁功能，该功能可以通过"五防"控制字进行设置，即每一路遥控均可设置为"闭锁"或"不闭锁"。"五防"控制字采用了 16 进制的显示方式，每一个 16 进制数代表着 4 路遥控，当某一路遥控的对应的二进制数置为"0"时，则该路遥控通道不判"五防"逻辑；若置为"1"时，则该路遥控通道判"五防"逻辑。测控装置支持挡位的升、降、急停等操作，并具备滑挡判定功能。测控装置可实现一条线路的同期输出。测控装置"手合同期""测控远方操作"通过在测控屏安装切换操作把手实现同期合闸。

2. PRS741DA 测控装置结构示例

测控装置采用标准 4U（整层）机箱，后插式结构。测控装置标配由电源板、测控开入板、测控开出板、管理板、通信板、交流板等插件和总线背板（面板）组成。PRS741DA 装置 4U 整层机箱正视图如图 4-42 所示、PRS741DA 装置 4U 整层机箱背视图如图 4-43 所示。

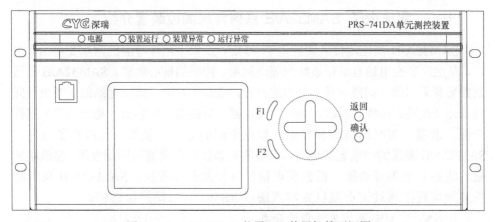

图 4-42　PRS741DA 装置 4U 整层机箱正视图

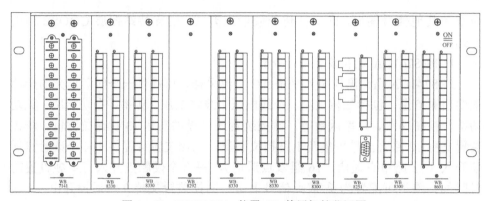

图 4-43 PRS741DA 装置 4U 整层机箱背视图

3. PRS741DA 系列测控装置插件功能

PRS7741DA 装置插件见表 4-54。

表 4-54 **PRS7741DA 装置插件**

插件型号	功能描述
WB8601	提供工作电源。可提供 8 路开入、2 组信号空触点开出
WB8330	提供测控相关压板及硬触点遥信开入
WB8300	提供测控的继电器开出
WB8251	完成管理、人机交互等功能
WB8292	实现模拟量的 AD 采样
WB7141	交流模拟量的接入
TY8230	由 320×240 点阵 TFT 大屏幕带背光液晶显示屏及按键构成，主要实现人机对话，并实时显示装置的运行工况

十一、积成电子 SAM32A/B 系列常规测控装置介绍

SAM32A/B 高压测控装置适用于 750kV 及以下电压等级的常规变电站和电厂，是电厂和变电站自动化系统间隔层测量、控制的核心装置。SAM32A/B 高压测控装置采用面向间隔对象、分布式设计，适合于对电厂或变电站的主要电气间隔单元（线路、母线、母联、旁路、变压器、断路器、电容器、电抗器等）进行全面、准确、实时地监测和控制。根据不同的电气主接线及一次设备条件，SAM32A/B 高压测控装置实现对本间隔断路器检同期及捕捉同期合闸、模拟测量量、状态量采集等功能。根据变电站的规模及重要程度，SAM32A/B 高压测控装置可直接通过工业双以太网或通过 RS485 口与站控层通信。

1. SAM32A/B 测控装置型号分类

SAM32A-1 型：测控装置可以测量六个独立间隔的电流、电压、有功功率、

无功功率、功率因数等量（采用三表法或两表法），并计算相电压和相电流的 2～7 次谐波。最多可采集 100 路开关量，输入方式为无源空触点。SAM32A－1 型测控装置标配提供 4 路遥控分合。SAM32A－1 型测控装置同时具备电压越上限告警、电压越下限告警、零序过压告警、过负荷告警功能。

SAM32A－2 型：测控装置可以采集两段母线的电压和频率，以及 24 个电流量，通过功率组态设置，可将指定的电压和电流进行组合计算出功率（采用三表法或两表法），并计算相电压和相电流的 2～7 次谐波。SAM32A－2 型测控装置最多可采集 100 路开关量，输入方式为无源空触点。SAM32A－2 型测控装置标配提供 4 路遥控分合。配置 6 路直流量输入，支持 4～20mA 电流或 0～5V 电压两种输入方式，初始默认 6 路直流均为 4～20mA 电流采集，现场使用需更换为 0～5V 电压采集时，应注意软硬件设置。SAM32A－2 型测控装置同时具备电压越上限告警、电压越下限告警、零序过压告警、过负荷告警功能。

SAM32A－3 型：测控装置可以采集两段母线的线电压和频率，以及 32 个电流量，通过功率组态设置，可将指定的电压和电流进行组合计算出功率（固定采用两表法）。SAM32A－3 型测控装置最多可采集 100 路开关量，输入方式为无源空触点。SAM32A－3 型测控装置标配提供 4 路遥控分合。SAM32A－3 型测控装置同时具备电压越上限告警、电压越下限告警、过负荷告警功能。

SAM32A－4 型：测控装置可以采集六段母线的电压，并计算相电压的 2～7 次谐波。SAM32A－4 型测控装置最多可采集 100 路开关量，输入方式为无源空触点。SAM32A－4 型测控装置标配提供 4 路遥控分合。SAM32A－4 型测控装置配置 12 路直流量输入，支持 4～20mA 电流或 0～5V 电压两种输入方式，初始默认 12 路直流均为 4～20mA 电流采集，现场使用需更换为 0～5V 电压采集时，应注意软硬件设置。SAM32A－4 型测控装置同时具备电压越上限告警、电压越下限告警、零序过压告警功能。

SAM32A－5 型：测控装置可以采集两段母线的电压和频率，以及 30 个电流量，通过功率组态设置，可将指定的电压和电流进行组合计算出功率（采用三表法或两表法），并计算相电压和相电流的 2～7 次谐波。AM32A－5 型测控装置同时具备电压越上限告警、电压越下限告警、零序过压告警、过负荷告警功能。

SAM32B－1 型：测控装置可以测量四个独立间隔的电流、电压、有功功率、无功功率、功率因数等量（采用三表法或两表法），并计算相电压和相电流的 2～7 次谐波。SAM32B－1 型测控装置最多可采集 120 路开关量，输入方式为无源空触点，标配提供 4 路遥控分合。SAM32B－1 型测控装置同时具备电压越上限告警、电压越下限告警、零序过压告警、过负荷告警功能。

SAM32B－2 型：测控装置主要面向单台主变压器各侧和本体的一体化测控应用，可完成三侧测控、主变压器温度采集、挡位采集和调节等功能。可以测量三个独立间隔的电流、电压、有功功率、无功功率、功率因数等量（采用三表法或两表法），并计算相电压和相电流的 2～7 次谐波。SAM32B－1 型测控装置配置4路直流量输入，支持4～20mA电流或0～5V电压两种输入方式，初始默认4路直流均为4～20mA电流采集，现场使用需更换为0～5V电压采集时，应注意软硬件设置。SAM32B-1型测控装置最多可采集120路开关量，输入方式为无源空触点。SAM32B-1型测控装置标配提供14路遥控分合。SAM32B-1型测控装置同时具备电压越上限告警、电压越下限告警、零序过压告警、过负荷告警、同期合闸及TV断线判别功能。

SAM32B-3型：测控装置可以采集四段母线的电压，并计算相电压的2～7次谐波。SAM32B-3型测控装置配置12路直流量输入，支持4～20mA电流或0～5V电压两种输入方式，初始默认12路直流均为4～20mA电流采集，现场使用需更换为0～5V电压采集时，应注意软硬件设置。SAM32B-3型测控装置最多可采集100路开关量，输入方式为无源空触点。SAM32B-3型测控装置标配提供4路遥控分合。SAM32B-3型测控装置同时具备电压越上限告警、电压越下限告警、零序过压告警功能。

SAM32B-4型：测控装置可以采集六段母线的电压，并计算相电压的2～7次谐波。SAM32B-4型测控装置最多可采集100路开关量，输入方式为无源空触点。SAM32B-4型测控装置标配提供4路遥控分合。SAM32B-4型测控装置标配提供14路遥控分合。SAM32B-4型测控装置同时具备电压越上限告警、电压越下限告警、零序过压告警功能。

2. SAM32A/B 测控装置结构示例

SAM32A/B系列测控装置采用高4U，宽19in机箱。由各种功能模块组合安装在一个机箱中构成。装置采用背插式结构设计，背面由PTCT、AI、CPU、DI、DO、POW等插件（或板卡）组成。各插件通过母板完成信息交互，并通过键盘显示板上320×240点阵图形液晶显示屏、16键仿微机键盘和9个指示灯完成人机交互，人机交互界面友好，操作简单方便，使用和维护不需要其他外围设备。SAM32A装置正视图如图4-44所示，SAM32A装置后视图如图4-45所示。

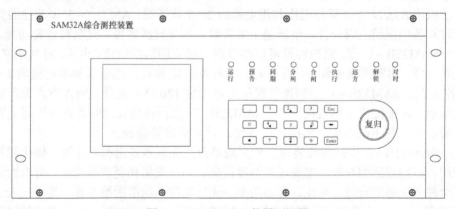

图4-44 SAM32A 装置正视图

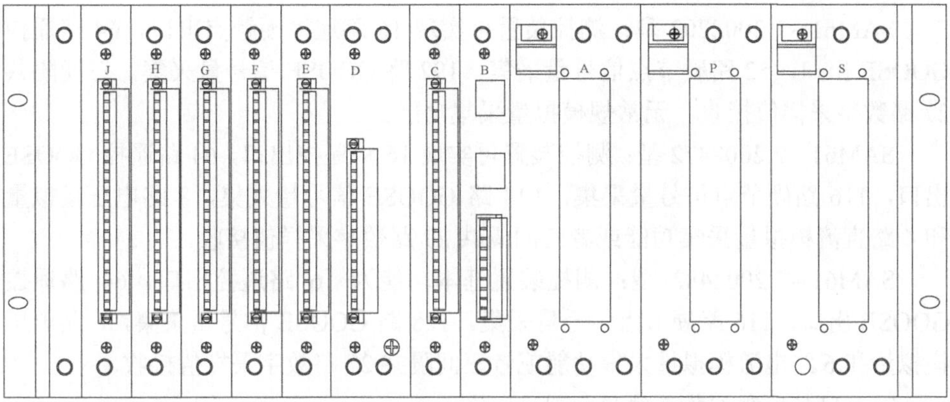

图 4-45　SAM32A 装置后视图

3. SAM32A/B 系列测控装置插件功能

SAM32A/B 测控装置插件分类见表 4-55。

表 4-55　　SAM32A/B 测控装置插件分类

插件型号	功能描述	插件型号	功能描述
SA-PTCT8	PTCT 交流采集插件（8U6I）	SA-LK2	键盘显示板
SA-PTCT21	PTCT 交流采集插件（8U6D）	SA-CPU2	CPU 管理插件
SA-PTCT22	PTCT 交流采集插件（4U8I）	SA-MB5	SAM32A 装置母板
SA-PTCT23	PTCT 交流采集插件（5U4I4D）	SA-MB6	SAM32B 装置母板
SA-PTCT24	PTCT 交流采集插件（12I）	SA-POW	电源插件
SA-PTCT25	PTCT 交流采集插件（12U）	SA-DO6	遥控出口插件
SA-AI	A/D 模件	SA-DI1	遥信采集插件

十二、积成电子 SAM61 系列智能测控装置介绍

SAM61 综合测控装置基于 IEC 61850 标准架构设计，适用于 220kV 及以下电压等级智能变电站和电厂，可对主要电气间隔单元（线路、母线、母联、旁路、变压器、断路器、电容器、电抗器等）进行全面、准确、实时地监测和控制。根据不同的电气主接线及一次设备条件，SAM61 综合测控装置实现对本间隔断路器检同期及捕捉同期合闸、模拟测量量、状态量采集等功能，装置可直接通过工业级以太网与站控层和过程层通信。

1. SAM61 测控装置型号分类

SAM61 装置根据应用功能可分为三种典型硬件配置 SAM61-1.2002202 型、SAM61-2.2002472 型和 SAM61-2.2002482 型。

SAM61－1.2002202 型：测控装置可实现 16 路遥控硬触点出口，64 路遥控 GOOSE 出口，52 路硬节点信号量采集，192 路 GOOSE 信号量采集，三间隔共 27 路数字采样值接收，无常规模拟量采集功能。

SAM61－2.2002472 型：测控装置可实现 16 路遥控出口，64 路遥控 GOOSE 出口，116 路硬节点信号量采集，128 路 GOOSE 信号量采集，8 路电压模拟量和 4 路直流模拟量采集功能或者三间隔共 27 路数字采样值接收。

SAM61－2.2002482 型：测控装置基本功能为 16 路遥控出口，64 路遥控 GOOSE 出口，116 路硬节点信号量采集，128 路 GOOSE 信号量采集，6 路电压模拟量和 6 路电流模拟量采集功能或者三间隔共 27 路数字采样值接收。

2. SAM61 测控装置结构示例

SAM61 测控装置机箱高 6U，宽 19/2in 或 19/3in，由各种功能模块组合安装在一个机箱中构成。装置采用背插式结构设计，背面由 PTCT、CPU、DO、POW 等 5 个插件组成。SAM61 测控装置的 5 个插件通过母板完成信息交互，并通过键盘显示板上 40×240 点阵图形液晶显示屏、7 键仿微机键盘和 8 个指示灯完成人机交互。SAM61 测控装置正视图如图 4－46 所示，SAM61 测控装置正视图如图 4－47 所示。

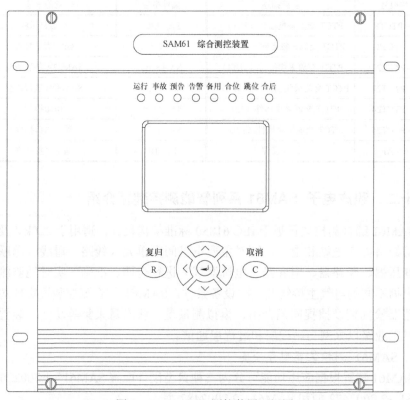

图 4－46　SAM61 测控装置正视图

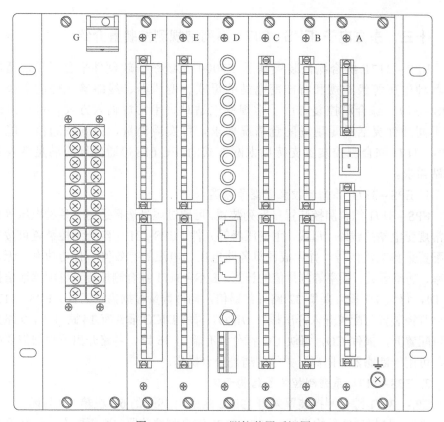

图4-47 SAM61测控装置后视图

3. SAM61 系列测控装置插件功能

SAM61 测控装置插件可根据不同工程需求灵活配置,满足传统、数字化测控的不同需求。SAM61 测控装置插件分类及功能描述见表4-56。

表4-56 SAM61 测控装置插件分类及功能描述

插件型号	功能描述	插件型号	功能描述
DSA-POW1	220V 电源,带20路遥信开入	DSA-CPU2	CPU 插件
DSA-POW2	110V 电源,带20路遥信开入	DSA-PTCT1-7	8U4D 交直流采集插件
DSA-DO2	遥控出口插件	DSA-PTCT1-8	6U6I 交流采集插件
DSA-YX1	220V 遥信采集插件	DSA-MB1-1	母板
DSA-YX2	110V 遥信采集插件	DSA-液晶板	液晶显示及按键板

十三、东方电子 EPS－3171 系列常规测控装置介绍

EPS－3171 综合测控装置基于 E3000 系统统一软硬件平台开发，适用于各种电压等级常规和智能变电站的母联、变压器、线路等元件的监控。EPS－3171 综合测控装置用于常规变电站时采用常规输入方式，可通过选择不同插件灵活满足现场配置情况要求，可实现测量、控制及通信功能。EPS－3171 综合测控装置支持以太网方式的 IEC 61850 通信规约满足常规变电站需求。

1. EPS－3171 系列测控装置型号分类

EPS－3171 综合测控装置是系列装置，可通过尾号选择适用于各种电压等级的常规变电站的线路、母线、主变压器等元件。EPS－3171 综合测控装置可按需求配置采集交流信号，并完成计算各路电压、电流的有效值，有功功率、无功功率、功率因数、频率等测量值的计算。EPS－3171 综合测控装置可配置遥信插件 DI，每块 DI 板可采集 32 路外部遥信，插件数量根据需求配置。EPS－3171 综合测控装置可配置开入开出插件 DICO，每块 DICO 插件有 14 路开入，9 路开出可配置开出插件 CO，每块 CO 插件共有输出 16 路，各路开出可根据需要配置，可用于断路器、隔离开关等的遥控分合操作。

2. EPS－3171 系列测控装置结构示例

EPS－3171 综合测控装置采用 19in/2 或采用 19in 的 6U 机箱，全封闭式、防水、防尘、抗振动的结构设计。EPS－3171 综合测控装置前面板配有一块液晶显示器，一个 11 键的键盘，6 个信号指示灯，可完成显示、通信和人机接口等功能。从背视图看，EPS－3171 综合测控装置在机箱的最左边位置的槽位上安装主板 CPU 插件，最右边位置安装电源模块插件，其他位置可安装交流采样、出口和遥信输入等 I/O 插件，其中交流采样插件占用 2 个插槽位置，其他插件占用 1 个插槽位置。EPS－3171 综合测控装置正视图（19in/2 结构）如图 4－48 所示，EPS－3171 综合测控装置背视图（19in/2 结构）如图 4－49 所示，0EPS－3171 装置正视图（19in 结构）如图 4－50 所示，EPS－3171 装置背视图（19in 结构）如图 4－51 所示。

3. EPS－3171 系列测控装置插件功能

EPS－3171 综合测控装置插件可根据不同工程需求灵活配置，满足传统、数字化测控的不同需求。EPS－3171 测控装置插件型号及功能描述见表 4－57。

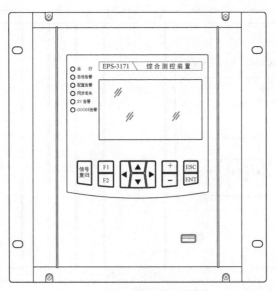

图 4-48 EPS-3171 综合测控装置正视图（19in/2 结构）

1	2	3	4	5	6	7
主板插件	配置插件1	配置插件2	配置插件3	配置插件4	配置插件5	电源插件
A	B	C	D	E	F	G

图 4-49 EPS-3171 综合测控装置背视图（19in/2 结构）

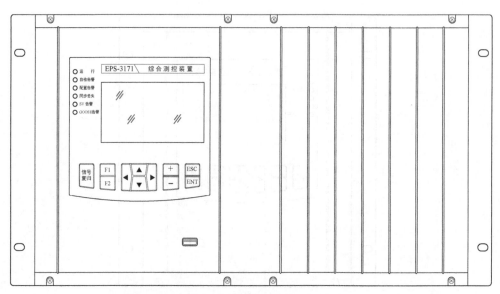

图 4-50　EPS-3171 装置正视图（19in 结构）

1	2	3	4	5	6	7	8	9	10	11	12	13	14	15~16
主板插件	配置插件1	配置插件2	配置插件3	配置插件4	配置插件5	配置插件6								电源板插件
A	B	C	D	E	F	G		H		I		K		L

图 4-51　EPS-3171 装置背视图（19in 结构）

表 4-57　　　　　　　　EPS-3171 测控装置插件型号及功能描述

插件型号	功能描述
E3000-CPU	CPU 插件：两路百兆光纤以太网、两路百兆 RJ-45 以太网、一路光口 IRIG-B（DC）对时接口、一路 RS485 IRIG-B 对时接口组成
E3000-DI	开入采集插件：开入电源可选择直流 220V 或 110V；其中 32 路共用一个公共端，开入公共端连接到装置负电源
E3000-CO	开出插件：每块插件设计有 16 路通用开出，16 路开出分别引出一对独立的动合触点
E3000-ACAI	交流采集插件：插件将系统电压互感器、电流互感器二次侧强电信号变换成测控装置所需的弱电信号，同时起隔离和抗干扰作用，共可完成交流量的采集。具备 5U7I、6U6I、14U 等多种类型配置
E3000-DCAI	直流采集插件：支持 0~5V，4~20mA 输入量采集
E3000-POWER	电源插件：插件工作电压支持直流 220V 或 110V 两种插件支持电源单路输入，变换输出+5V 的电源，为各插件提供电源
E3000-HMI	人机接口模块：采用 GUI 技术实现人机对话，用户界面操作简单
E3000-160 封闭机箱	装置机箱模块

十四、东方电子 EPS-3171 系列智能测控装置介绍

EPS-3171 综合测控装置基于 E3000 系统统一软硬件平台开发，适用于各种电压等级常规和智能变电站的母联、变压器、线路等元件的监控。EPS-3171 综合测控装置用于智能变电站时采用数字输入方式（也可常规输入），可通过选择不同插件灵活满足现场配置情况要求，可实现测量、控制及通信功能。EPS-3171 综合测控装置的全数字方式装置支持 GOOSE 功能和 IEC 61850-9-2-2020《电力公用事业自动化用通信网络和系统　第 9-2 部分：专用通信服务映射（SCSM）ISO/IEC 8802-3 的抽样值》规约，完成 GOOSE 命令的接收和发送、GOOSE 遥信的发送及接收，并支持模拟量电压和电流数据的采样功能。EPS-3171 综合测控装置的数字式测控装置除支持常规开出外还支持 GOOSE 开出功能，可实现多路开关的分合控制及联闭锁功能。

1. EPS-3171 系列测控装置型号分类

EPS-3171 综合测控装置是系列装置，可通过尾号选择适用于各种电压等级智能变电站的线路、母线、主变压器等元件。EPS-3171 综合测控装置具备模拟量采样功能，通过 GOOSE 协议采集遥信或进行遥控输出，并支持硬触点输入及控制输出。EPS-3171 综合测控装置可配置遥信插件 DI，每块 DI 板可采集 32 路外部遥信，插件数量根据需求配置。EPS-3171 综合测控装置可配置开出插件 CO，每块 CO 插件共有输出 16 路，各路开出可根据需要配置，可用于遥控分合操作。EPS-3171 综合测控装置可配置开入开出插件 DICO，每

块 DICO 插件有 14 路开入，9 路开出。EPS－3171 综合测控装置可配置通信扩展插件 ETH，每块 ETH 由 6 路百兆光纤以太网组成，满足 SMV、GOOSE 采集功能，端口功能根据现场应用由配置工具来配置相关功能。

2. EPS－3171 系列测控装置结构示例

EPS－3171 综合测控装置采用 19in/2（一般 19in/2 结构能满足大部分用户需求，如果有特殊需求，可采用 19in 的 6U 机箱），全封闭式、防水、防尘、抗振动的结构设计。EPS－3171 综合测控装置前面板配有一块液晶显示器，一个 11 键的键盘，6 个信号指示灯，可完成显示、通信和人机接口等功能。从背视图看，在每一机箱的最左边位置的槽位上安装主板 CPU 插件，最右边位置安装电源模块插件，其他位置可安装通信模块、出口和遥信输入等 I/O 插件，插件占用 1 个插槽位置。EPS－3171 综合测控装置正视图如图 4－52 所示，EPS－3171 综合测控装置背视图如图 4－53 所示。

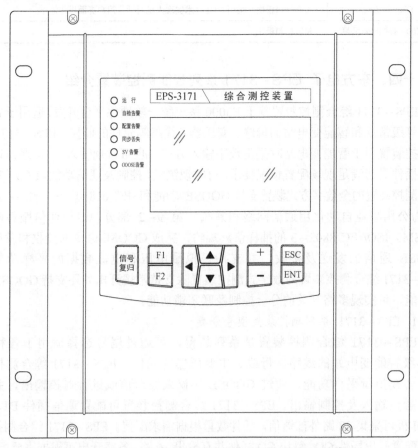

图 4－52　EPS－3171 综合测控装置正视图（19in/2 结构）

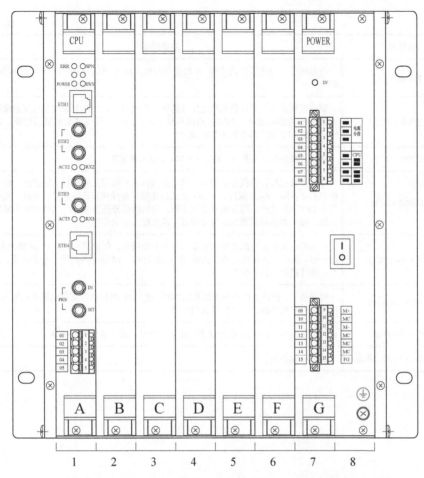

图 4-53　EPS-3171 综合测控装置背视图（19in/2 结构）

3. EPS-3171 系列测控装置插件功能

EPS-3171 综合测控装置插件可根据不同工程需求灵活配置,满足智能变电站传统、数字化测控的不同需求 EPS-3171 综合测控装置插件型号及功能描述见表 4-58。

表 4-58　　　　　EPS-3171 综合测控装置插件型号及功能描述

插件型号	功能描述
E3000-CPU	CPU 插件:两路百兆光纤以太网、两路百兆 RJ-45 以太网、一路光口 IRIG-B(DC)对时接口、一路 RS485 IRIG-B 对时接口组成
E3000-DI	开入采集插件:开入电源可选择直流 220V 或 110V;其中 32 路共用一个公共端,开入公共端连接到装置负电源

续表

插件型号	功能描述
E3000－CO	开出插件：每块插件设计有 16 路通用开出，16 路开出分别引出一对独立的动合触点
E3000－ACAI	交流采集插件：插件将系统电压互感器、电流互感器二次侧强电信号变换成测控装置所需的弱电信号，同时起隔离和抗干扰作用，共可完成交流量的采集。具备 5U7I、6U6I、14U 等多种类型配置
E3000－DCAI	直流采集插件：支持 0～5V，4～20mA 输入量采集
E3000－ETH	通信扩展插件：由高性能的数字信号处理器、六路百兆光纤以太网组成。插件支持 IEC 61850－9－2 规约和 GOOSE 通信功能，完成从合并单元接收数据、接收、发送 GOOSE 功能，远方跳闸智能终端。满足网络通信和 SMV、GOOSE 直采直跳功能，端口功能根据现场应用由配置工具来配置相关功能
E3000－DICO	开入开出插件：可配置所需数量的开入开出插件，每块插件设计有 14 路开入，9 路开出，其中开入电源可选择直流 220V 或 110V，14 路开入共用一个公共端，开入公共端连接到装置负电源
E3000－POWER	电源插件：插件工作电压支持直流 220V 或 110V 两种插件支持电源单路输入，变换输出+5V 的电源，为各插件提供电源
E3000－HMI	人机接口模块：采用 GUI 技术实现人机对话，用户界面操作简单
E3000－160 封闭机箱	装置机箱模块

第五章

测控装置常见故障与处理

本章主要介绍测控装置的常见故障类型及处理方法，通过对测控装置软硬件自检告警信息进行分析，快速定位故障点解决测控装置故障问题；通过测控装置典型故障案例提供排查和处理故障问题的思路和方法。

第一节　装置自检类故障及处理

测控装置异常、装置电源故障、通信异常等多数自检信息可以通过测控装置本身的状态指示灯以及告警日志进行明确的故障定位。

测控装置的自检内容包括对程序软件的自检和对硬件的自检。测控装置本身由于插件故障、程序运行出错等原因造成测控装置的异常灯或者故障灯点亮，部分自检异常发生时装置会禁止远方操作闭锁遥控出口。测控装置异常信息及处理方法见表 5－1。

表 5－1　　　　　　　　　　测控装置异常信息及处理方法

序号	故障现象	原因分析	处理方法
1	EEPROM 出错告警、ROM 出错告警、RAM 出错告警、Flash 出错告警、FPGA 出错告警	芯片故障	更换管理插件或 CPU 插件
2	测控屏幕熄灭、液晶板指示灯不亮	供电异常或液晶插件故障	（1）查看装置是否装置失电。 （2）查看装置是否装置液晶板损坏。 （3）查看装置是否装置前面板排线损坏。 （4）检查是否缺少液晶程序配置文件。 （5）硬件故障更换电源插件或液晶插件

续表

序号	故障现象	原因分析	处理方法
3	A/D 故障	遥测与管理插件之间内部数据传输存在异常	重新进行遥测量校准、更换交流插件或更换 CPU 插件
4	AD 采样溢出、AD 同步异常	装置 AD 采样接收缓冲区溢出或异常	检查装置程序版本与配置是否一致，板卡是否有严重故障存在
5	装置 I/O 告警	（1）板件配置与参数不一致或不匹配。 （2）板件损坏。 （3）板件接触松动	（1）如板件松动时建议装置断电后对装置插件进行紧固处理。 （2）根据详细的 I/O 故障提示的插件更换对应插件（采样、开入、开出、液晶等）
6	装置前面板按键没有反应	（1）装置按键板与液晶面板管理插件之间排线松动或损坏。 （2）按键损坏	更换液晶面板插件或排线
7	对时异常、对时无效	（1）卫星时钟故障或不带校验的旧版本卫星时钟。 （2）装置内部对时相关参数设置或跳线设置错误。 （3）负责对时功能的芯片故障	（1）首先排除对时源是否存在异常。 （2）装置内部是否存在对时参数设置，或跳线是否正确。 （3）检查时钟源与测控之间回路，排除外部干扰。 （4）更换与对时功能相关插件
8	装置自检异常、初始化异常	装置定值或程序启动出现异常态	（1）检查装置程序版本与配置是否一致。 （2）装置重新启动或更换 CPU 插件
9	工作电压异常引起告警	测控装置的电源插件内部将工作电压转换成 5、12、24V 电压对各交流插件、开入开出插件、CPU 插件供电，转换后电压幅值异常	更换电源插件
10	电池电压异常告警	CPU 板电池欠压	更换 CPU 插件电池
11	AD 采样溢出、AD 同步异常	装置 AD 采样接收缓冲区溢出	（1）检查装置程序版本与配置是否一致，是否有其他类严重故障存在。 （2）更换交流采样插件或管理插件
12	开出回路断线	继电器驱动回路故障	更换对应开出插件
13	定值出错	定值或软压板整定错误	重新整定定值或压板
14	光纤采样同步异常	光纤采样接收缓冲区同步字异常	检查采样光纤是否正确连接，装置程序版本与配置是否一致
15	光纤采样溢出	光纤采样接收缓冲区溢出	检查采样光纤是否正确连接，发送速率是否正确设置
16	光纤采样 CRC 异常	光纤采样接收 CRC 校验出错	检查光纤是否正确连接，发送速率是否正确设置

序号	故障现象	原因分析	处理方法
17	光纤采样计数异常	光纤采样接收计数器不连续	检查采样光纤是否正确连接，发送速率是否正确设置
18	光纤采样接收超时	光纤采样接收超时	检查采样光纤是否正确连接，发送速率是否正确设置
19	光纤采样状态字异常	光纤采样数据状态字无效	检查采样发送配置是否正确，装置程序版本与配置是否一致
20	检修状态报警	装置在检修状态	检查装置是否处于检修状态
21	开入电源异常	开入板直流电源消失	检查开入直流电源
22	出口回路异常	出口板出口继电器损坏	（1）检查测试出口插件的出口继电器。 （2）更换相关出口插件

第二节　测控装置通信类故障及处理

测控装置通信分成间隔层通信与过程层通信。间隔层通信，指测控与站控层的后台系统、远动系统通信、把遥信量和遥测量上送，并接受后台和远动下发的遥控命令等；过程层通信，指测控通过光纤与过程层的智能组件通信来实现 GOOSE 的开入开出接入，实现 SV 遥测的接入。以下归纳总结了几个间隔层、过层层通信类故障现象，汇总多个设备生产厂家及运维检修单位的故障消除经验，提供排查此类问题的方式方法，测控装置通信类故障及处理见表 5-2。

表 5-2　　　　　　　　　　测控装置通信类故障及处理

序号	故障现象	排查方法
1	测控与后台或者远动等客户端通信彻底中断	（1）在监控后台、交换机、装置后网口进行 ping 测试，检查装置 IP 地址，确认物理链路正常。 （2）检查测控装置是否运行正常，菜单是否可以正常进入，通信规约设置参数是否正确，检查装置网口指示灯是否闪烁。 （3）如物理链路正常，检查远动与后台 IP 是否写在测控装置白名单中且设置正确（部分型号测控存在此菜单）。 （4）61850 规约通信，检查实例号是否冲突，部分型号测控默认支持实例号 1~10，则 11~16 实例号无法建立通信链路。 （5）抓取 MMS 报文做进一步分析
2	测控与后台或者远动等客户端偶尔通信中断	（1）可能原因是测控通信，或者交换机网口异常等。 （2）测控装置自身通信程序异常退出后看门狗脚本将通信程序自重启导致通信链路断开重连。 （3）抓取 MMS 报文做进一步分析

续表

序号	故障现象	排查方法
3	测控与后台或者远动等客户端频繁时通时断	（1）检查 IP 地址或者 MAC 地址是否有冲突设置，若有重复 IP 地址或者 MAC 地址，请更正设置。 （2）抓取 MMS 报文做进一步分析
4	GOOSE 接收断链	（1）在运行值/通信状态菜单中查看一下报文接收状态。 （2）检查 GOOSE 光纤连接。 （3）检查交换机光口指示灯状态。 （4）截取报文查看是否有 GOOSE 报文送入 GOOSE 插件。 （5）查看配置文件 GOID，APPID 等信息是否与报文中发送的一致。 （6）查看配置的 VPort 物理端口是否与实际接入网口一致。 （7）更换 GOOSE 插件
5	SV 接收断链	（1）在运行值/通信状态菜单中查看一下报文接收状态。 （2）检查 SV 光纤连接。 （3）检查交换机光口指示灯状态。 （4）截取报文查看是否有 SV 报文送入 SV 插件。 （5）查看配置文件 SVID，APPID 等信息是否与 MU 发送的一致。 （6）更换 SV 插件
6	SV 总告警（SV 接收端口 X 断链、SV 接收端口 X 数据异常、SV 接收端口 X 配置错误）	（1）检查虚端子。 （2）查看装置参数配置。 （3）抓包看 SV 输出数据，查看输出与配置信息是否一致。 （4）检查 SV 光纤连接
7	GOOSE 总告警（GOOSE 断链接收端口 X 断链、GOOSE 断链接收端口 X 数据异常、GOOSE 断链接收端口 X 配置错误）	（1）检查虚端子。 （2）查看装置参数配置。 （3）抓包看 GOOSE 数据，查看输出与配置信息是否一致。 （4）检查 GOOSE 光纤连接
8	SV 插件报文丢帧告警	（1）从网络报文记录分析仪查看 SV 报文是否有丢帧如"四统一"测控装置在超过 16 个数据点时会产生 SV 失步告警。 （2）从装置后网口抓包查看 SV 报文是否有丢帧
9	SV 失步告警	（1）从网络报文记录分析仪中查看 SV 报文的 sync 标志是否异常置 0。 （2）从网络报文记录分析仪中查看各合并单元采样值序号偏差是否过大

第三节　测控装置遥信类故障及处置

测控装置遥信类故障及处置见表 5−3。

表 5-3　　　　　　　　　　　　　测控装置遥信类故障及处置

序号	故障现象	排查方法
1	常规测控未上送 SOE，或者 SOE 时间错误	（1）检查开入定值中是否使能 SOE（部分型号装置需检查）。 （2）检查装置 SOE 变位记录菜单中是否有对应信号的变位信息，确认装置是否正确处理并生成 SOE 信息。 （3）如 SOE 时间不正确，多数原因为装置 CPU 时间错误导致，检查测控装置对时是否正常
2	单个遥信开入异常	（1）检查装置实时菜单中遥信开入位的分合状态是否正确。 （2）测量该遥信和其所在组的 COM 公共端之间，是否有电压且电压正常。如果应有电压而量不到幅值，检查此组遥信开入接线是否正常。 （3）检查该开入信号由端子至装置背板之间回路接线是否存在松动虚接。 （4）检查该开入是否置了长延时，以及长延时的时间是多少（部分型号装置需检查）
3	一组遥信开入为 0	（1）检查此组开入的 COM 公共端是否有负电。 （2）检查该组开入对应的遥信插件背板端子是否松动
4	所有遥信开入为 0	（1）检查装置遥信电源。 （2）检查遥信端子至装置背板之间回路接线是否存在松动虚接。 （3）检查遥信开入是否设置了长延时，以及长延时的时间是多少（部分厂家）。 （4）通过装置菜单 SOE 变位记录辅助判断其他外因
5	一段时间内多次异常变位	（1）检查外部接线是否存在松动或其他接触不良的情况。 （2）检查测控装置的遥信防抖时间是否设置得过小
6	遥信品质无效	（1）抓取 MMS 报文查看装置上送品质。 （2）查看测控装置接收的 GOOSE 报文品质
7	智能站遥信位置不正确	（1）抓取 GOOSE 报文查看。 （2）检查 GOOSE 虚端子连接。 （3）排查智能终端接线回路（优先排查）

第四节　测控装置遥测类故障及处置

　　测控装置 TA/TV 在长期通流通压下，互感器存在故障老化的可能，元件生产批次有问题也会导致内部故障，影响装置采样正确性、稳定性。在外部回路交流量输入正确情况下，抛开通信环节因素，如出现交流采样值跳变，或者采样数值不正确，可判断为采样板出现问题。更换采样插件要特别注意，因其涉及二次交流采样回路，会影响一次设备稳定运行，测控装置遥测类故障及处置见表 5-4。

表 5-4　　　　　　　　　　　测控装置遥测类故障及处置

序号	故障现象	处理方法
1	运行间隔需更换交流插件	（1）投入装置检修压板，断开通信网线。 （2）断开电压二次空气开关。 （3）通过装置显示面板采样和万用表测量，确认电压回路已断开。 （4）用短连片将电流端子与 N 短连，通过装置显示面板采样和万用表测量，确认电流回路已封好。 （5）关闭装置电源，更换采样板件。 （6）更换完毕后，用万用表检查接线是否正确，装置重新上电。 （7）装置运行正常后恢复电压及电流二次回路。 （8）装置采样恢复正常后，恢复装置通信网线。 （9）退出检修压板。
2	装置显示某相电压或电流值不正确	常规站： （1）首先查看进装置的输入值是否正确，用万用表量电压，钳形表钳电流。 （2）检查进装置的接线是否正确。如电压、电流的相别，电压的 N 端等。 （3）排除外部因素后检查装置设置，部分型号测控考虑检查装置参数项是否存在系数的设置。 （4）更换交流采样插件。 智能站： （1）从网络报文记录分析仪或者装置抓取 SV 报文查看电压、电流值，测控装置显示和上送的值均为 SV 报文中的一次值，未经过变比等换算。 （2）检查 SV 虚端子连接，是否有错位、拉错虚端子情况。 （3）检查合并单元工作状态，用万用表量电压，钳形表钳电流。 （4）检查进合并单元装置的接线是否正确。如电压、电流的相别，电压的 N 端等
3	功率符号不正确	（1）通过相位菜单查看电压、电流角度。 （2）功率符号不对一般为外部电流极性接反，可能为 TA 极性接反，或者测控装置电流端子流入、流出接线反
4	有功功率、无功功率值均为 0	（1）检查装置显示三相电压、三相电流有效值均正确。 （2）通过相位菜单查看电压、电流角度，一般为电压或者电流相序接错，导致出现负序，而正序电压与负序电流或者负序电压与正序电流计算得到的有功和无功肯定都是 0。 （3）常规站检查电压或者电流相序。 （4）智能站检查虚端子连接
5	有功功率、无功功率、电流等在负荷较小时值为 0	（1）计算是否未达到装置零值死区，部分厂家测控型号可通过液晶菜单进行零死区范围设置。 （2）智能站中，装置 TA、TV 变比设置错误，导致装置零值死区计算错误。 （3）检查模型文件设置是否存在错误
6	遥测跳变	（1）从通信机制来分析，如若远动的数据传输出现遥测跳变而变电站后台数据未发生跳变情况并不能证明测控装置工作正常。遥测跳变问题的排查首先要综合分析和排查交流插件是否存在问题。 （2）如果常规装置出现遥测跳变，可能为运行多年装置或者交流或者管理插件芯片老化，需要更换交流插件和相关管理插件。 （3）如果智能站装置出现遥测跳变，通过网络报文记录分析仪查看异常时刻 SV、MMS 报文，确认问题后进一步分析
7	遥测不刷新	（1）查看外部负荷波动情况、通过装置实时采样菜单简单判断装置采集数据的变化情况，测控装置的实时菜单二次值普遍可显示到千分位。 （2）查看装置变化死区是否设置过大。 （3）核实是否存在交流插件 1A、5A 错误情况导致超出量程

序号	故障现象	处理方法
8	遥测品质异常	（1）常规站测控装置出现此类问题或为程序处理异常导致，需由测控装置生产厂商进一步分析。 （2）智能站装置：通过网络报文记录分析仪查看异常时刻 SV、MMS 报文品质，确认问题后进一步分析

第五节　测控装置遥控类故障及处置

测控装置遥控类故障及处置见表 5－5。

表 5－5　　　　　　　　　　　测控装置遥控类故障及处置

序号	故障现象	处理方法
1	遥控预置异常	（1）检查后台、远动与测控装置通信是否正常。 （2）检查液晶上的远方就地灯应在远方状态，如果在就地状态，按远方就地按键切换至远方状态。 （3）检查测控装置是否在检修状态。 （4）检查测控装置"控制逻辑压板"是否投入（部分型号装置需检查）。 （5）检查是否有多客户端在遥控，装置同一时刻只能受理一个遥控请求。 （6）如果是调挡，一个调压周期是 25s，需要等待 25s 后才能进行下一次遥控。 （7）如双网通信，检查 A、B 网网线是否接反，接反时，遥测、遥信可以正常上送，但是遥控预置失败（部分厂家）。 （8）检查是否在测控判断开关或隔离开关合位状态执行遥控预置合或分位置状态执行遥控预置分，部分厂家产品禁止此类操作。 （9）抓取报文进行分析
2	遥控执行异常	（1）首先查看测控装置上遥控报告，通过遥控报告缩小排查问题的范围。 （2）检查遥控插件背板端子是否存在松动。 （3）检查装置遥控出口脉宽是否合理，如无回路异常问题，可考虑适度调大出口脉宽。 （4）如果测控装置上报遥控失败。 （5）常规装置：检查测控屏柜"远方就地把手"是否在远方位置，并查看测控装置采集把手开入状态。 （6）智能装置：检查智能终端屏柜远方就地把手是否在远方位置，并查看测控装置上对应 GO 开入状态。 （7）如果有间隔"五防"，检查"五防"逻辑是否满足。 （8）如果测控装置上报遥控成功，出口动作。 （9）常规装置：一般为外回路问题。 （10）智能装置：检查 GO 虚端子连接和智能终端。 （11）检查遥控预置到遥控执行是否间隔时间过长，超出了遥控操作周期，部分厂家对该参数并未开放修改
3	遥控同期，预置成功，执行失败，装置上未报同期相关异常报文信息	部分厂家存在同期软压板和控制字选项，检查设置是否正确。排查方法同"遥控执行异常"检查步骤

续表

序号	故障现象	处理方法
4	遥控同期，预置成功，执行失败，装置报出同期压差、角差等条件不满足	（1）根据报告、定值需进行测试仪加量测试。 （2）角度需要基准定位，如母线侧电压取值至接入 A 相，线路侧 U_{sa} 与母线侧 U_A 较差计算或出现问题，同理检查装置母线侧其他相序幅值是否正确。 （3）对于智能站测控装置，需要注意，压差定值为一次值
5	遥控同期，预置成功，执行失败，装置上报"同期××条件不满足"	检查有压设置定值、无压设置值是否合理。部分型号的测控装置会开放此参数项为可修改项，如设置范围不合理会导致测控装置执行同期操作方式错误

第六节　典型故障案例及分析

案例一：同期问题导致的遥控合闸失败

问题描述：某 220kV 变电站内一条 220kV 线路故障跳闸后由调度对该线路进行遥控合闸操作，遥控选择正确，遥控执行失败，测控装置遥控插件合闸继电器实际未出口。

分析原因：检查测控装置操作记录菜单，显示遥控记录"合闸同期压差过大不满足动作条件"，检查测控装置线路侧抽取电压实际为 100V，而装置内整定抽取电压额定值为 57.74V，因同期定值整定错误导致此次问题发生。而由于该条 220kV 线路之前遥控合闸时均为本侧开关先合闸，实际测控装置接收到远方遥控指令后执行的是单侧无压的遥控方式，从而本侧开关可以遥控合闸成功。

解决方案：检查测控装置同期定值菜单，根据实际线路侧抽取电压 U_{sa} 额定值修改测控装置内同期参数定值后恢复正常遥控送电。

经验总结：将线路侧抽取电压的实际采样值、采样相别等关键数据作为日常管理工作的关键点。

案例二：防抖时间的不合理导致信号漏发

问题描述：某 500kV 变电站内一条线路故障跳闸，由保护装置开出至测控的多条动作信号丢失。

分析原因：检查测控装置 SOE 事件记录菜单中无对应遥信变位记录，检查测试遥信插件及遥信正常，检查测控遥信点防抖时间为 60ms，根据回路发现保护装置接入至测控的保护动作信号为瞬动信号，高压保护快速切除故障的动作复归时间为 30～40ms。初步判断由于防抖时间设置过大导致有效动作信息被过滤掉。

解决方案：修改遥信防抖时间为 20ms，经现场测试验证问题得到解决。

经验总结："四统一"测控装置已明确了测控装置的出厂默认防抖时间为 20ms。而各变电站自动化设备厂家测控装置的出厂默认遥信防抖时间不尽相同，建议将遥信防抖时间进行规范管理，若出现事故总、保护出口等信号的误发或漏发现象，应根据现场实际情况进行整定。

案例三：死区阈值的设置问题导致测控遥测刷新慢

问题描述：某 220kV 变电站部分改造间隔遥测刷新慢，调度及后台负荷曲线呈阶梯状。

分析原因：观察测控装置液晶内显示遥测采集量，小数点千分位波动较为正常，百分位变化不大，基本排除交流采样原因，考虑测控装置采用 IEC 61850 通信方式，检查模型阈值门槛为 2%额定值，初步判断门槛过大影响负载。

解决方案：修改遥测阈值为 1‰后重启测控装置，观察负荷曲线趋于平滑。

经验总结：部分厂家测控装置初始模型的遥测阈值较大，需在调试期间进行合理修正，且部分厂家测控参数也存在遥测死区、遥测阈值的设置项，同样影响遥测刷新频率。

案例四：测控 A、B 网线错误混接导致遥控异常

问题描述：某 220kV 变电站运行间隔测控插件故障后由运维人员更换插件，更换插件恢复运行后通信显示正常，遥测遥信正确刷新，但遥控操作失败。

分析原因：有部分型号的测控装置如使用网络 103 通信时，因为通信机制的问题，A、B 网混接并不影响遥信遥测的刷新上送，但遥控操作因为识别遥控命令来源的网络地址信息会遥控失败。

解决方案：将测控装置 A、B 网线正确插接后各项功能恢复正常使用。

经验总结：对于更换插件的工作，建议更换插件后需要对测控装置的基本功能进行验证检查。有部分变电站监控系统如存在 A、B 网混网问题不易排查，建议对 A、B 网的网线除标识牌做好清晰标识以外还可以考虑通过网线线色加以区分。

案例五：测控装置遥控操作正常，手合操作失败

问题描述：某 220kV 变电站测控遥控操作正常，测控屏内操作把手手合无法开出。

分析原因：测控装置普通遥控命令为自动准同期指令，即遥控合闸命令发至测控 CPU 后由测控装置自动识别当前状态为有压同期合闸或无电压非同期合闸条件。此次合闸操作为单侧无压条件，部分型号测控装置手动合闸如为无压

手合操作时需要外部一路无压操作的信号开入，该开入或为压板、或为操作把手的切换位。经排查为测控的"无压合闸允许"开入异常导致手合操作的失败。

解决方案：更换测控装置对应开入插件，测试手合操作正常。

经验总结：测控装置定检期间需对同期合闸方式及非同期合闸方式分别予以检查验证。

第六章

测控装置测试

第一节 检测内容及规范

一、检测标准

Q/GDW 11202.2—2018《智能变电站自动化设备检测规范 第2部分：测控装置检测方法及要求》（以下简称企标）中所要求的检测项目要求见表6-1。

表6-1 检测项目要求

检测项目	具体检测项目
外观接口检测	外观结构检测
	装置接口检测
	装置面板布局检测
装置功能检测	交流电气量采集检测
	DL/T 860.92—2016《电力自动化通信网络和系统 第9-2部分：特定通信服务映射（SCSM）-基于 ISO/IEC 8802-3 的采样值》中的采样值报文品质及异常处理检测
	状态量采集
	GOOSE 模拟量检测
	控制功能检测
	同期功能
	逻辑闭锁功能检测
	记录存储功能检测
	通信功能检测
	时间同步功能检测

续表

检测项目	具体检测项目
人机界面	菜单配置
	记录信息
参数配置	参数配置
信息模型及通信服务	信息模型及通信服务
版本管理	版本管理
装置性能检测	测量量性能检测
	状态量性能检测
	遥控性能检测
	对时性能检测
	通信性能检测
	装置功耗检测
	可靠性检测
	电源影响检测
	环境条件影响检测
	绝缘性能测试
	冲击电压
	湿热影响测试
电磁兼容检测	静电放电抗扰度
	射频电磁场辐射抗扰度
	电快速瞬变脉冲群抗扰度
	浪涌（冲击）抗扰度
	射频场感应的传导骚扰抗扰度
	工频磁场抗扰度
	脉冲磁场抗扰度
	阻尼振荡磁抗扰度
	电压暂降、短时中断和电压变化的抗扰度
	振荡波抗扰度
机械环境影响检测	振动耐久检测
	冲击响应检测
	自由跌落检测
防护性能检测	防护性能检测

续表

检测项目	具体检测项目
传输规约测试	传输规约测试
连续通电	连续通电
业务安全检测	人机安全
	通信安全
	功能安全
	进程安全
	运行环境安全
	代码安全

二、现场检测项目要求

根据现场实际测试需求可选取表 6-1 中现场可时间开展的检测项目来进行检测，见表 6-2。

表 6-2 现 场 检 测 项 目

检测项目	具体检测项目
外观接口检测	外观结构检测
	装置接口检测
	装置面板布局检测
装置功能检测	交流电气量采集检测
	DL/T 860.92—2016《电力自动化通信网络和系统 第 9-2 部分：特定通信服务映射（SCSM）-基于 ISO/IEC 8802-3 的采样值》中的采样值报文品质及异常处理检测
	状态量采集
	GOOSE 模拟量检测
	控制功能检测
	同期功能
	逻辑闭锁功能检测
	记录存储功能检测
	通信功能检测
	时间同步功能检测
装置性能检测	测量性能检测
	状态量性能检测
	遥控性能检测
	对时性能检测

第二节　检　测　方　法

一、测控装置测试整体方案

变电站监控系统试验装置（以下简称试验装置）通过对测控装置发送变化的遥测、遥信数据输入（模拟量或数字量）进行激励，通过模拟监控主机（103/MMS 客户端）接收测控装置的响应报文，分析和验证测控装置的遥测、遥信功能；模拟监控主机（103/MMS 客户端）向测控装置发送遥控指令，试验装置通过接收测控装置的开关量变位报文分析和验证测控装置遥控功能。测控装置试验示意图如图 6-1 所示。

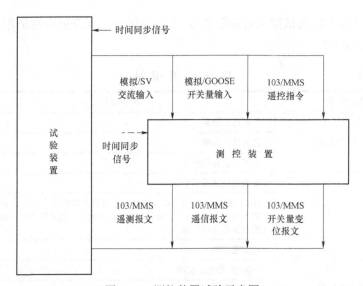

图 6-1　测控装置试验示意图

具体操作步骤如下：

（1）试验装置接收时间同步信号。

（2）试验装置根据被测测控装置的输入类型，提供相应的激励信号。对于模拟量输入类型的测控装置，提供对应的模拟量输出的遥测、遥信信号；对于数字量输入类型的测控装置，提供对应的数字量输出的遥测、遥信信号（SV、GOOSE 报文）。

（3）试验装置测试软件（103/MMS 客户端）接收测控装置发送的遥测、遥信报文，验证测控装置遥测、遥信正确性。

（4）试验装置测试软件（103/MMS 客户端）发送遥控命令，同时接收被测测控装置输出的开关量变化报文，验证遥控正确性。

（5）试验装置通过输入、输出端口报文时间标定，试验测控装置的遥测、遥信和遥控响应时间。

二、测试功能检测方法

1. 交流电气量采集检测

（1）交流电气量（模拟式）检测拓扑图如图 6-2 所示。

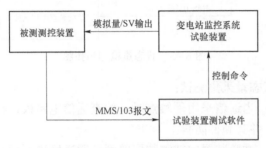

图 6-2 交流电气量（模拟式）检测拓扑图

（2）交流电气量检测：试验装置给被测装置施加频率为 50Hz 的三相额定电压、三相额定电流，通过试验装置的测试软件自动读取三相电压和三相电流的有效值、有功功率、无功功率和频率数据，检测被测装置数据的正确性。

（3）SV 采样值检测：试验装置给被测装置发送 DL/T 860.92 采样值报文，被测装置应能正确接收 DL/T 860.92 采样值报文，并计算生成电压有效值、电流有效值、有功功率、无功功率、频率等数据，通过试验装置的测试软件自动读取被测装置上传数据，检测被测装置数据的正确性。

（4）使用试验装置发送三相不平衡电压，然后检测测控装置的零序电压计算是否正确，并检查是否优先采用外接零序电压。

（5）使用试验装置施加零值死区范围内的测量值时，应不上送该值且测量值为零。

（6）使用试验装置施加变化死区范围内的测量值时，应不上送该值；当测量值变化超过该死区时应主动上送该值，装置的液晶应显示实际测量值，不受变化死区控制。

（7）使用试验装置设置电流任一相小于 $0.5\%I_n$，且负序电流及零序电流大于 $10\%I_n$，查看是否上送 TA 断线告警信息。

2. 状态量采集检测

状态量采集具体检测方法如下：

（1）检测拓扑图如图 6-3 所示。

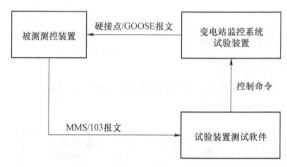

图 6-3　状态量检测拓扑图

（2）硬触点状态量采集测试：

1）硬件检查：当遥信采用硬触点时，检查遥信电路板，核查遥信输入回路应采用光电隔离，并有硬件防抖。

2）防抖功能：试验装置向被测装置的同一通道发送不同脉宽的脉冲信号，检查装置的防抖时间应与设置一致。通过装置屏幕核查状态量输入的防抖时间应可整定，整定范围为 10～100ms。

3）SOE 功能：设置试验装置开出两路状态量输出按一定的时延输出状态量变化，在装置屏幕和试验装置软件上显示的信息应分辨出遥信状态的变化顺序。

（3）试验装置向被测装置发送 GOOSE 报文传输的状态量信息，在装置屏幕和试验装置软件上读取数据，检查状态的正确性，用网络报文记录分析仪检测状态量标注时标的正确性，应优先采用 GOOSE 时标。

（4）通过网络报文记录分析仪检查装置对 GOOSE 报文状态量、时标、通信状态的监视判别功能及标注相应品质位的正确性。

（5）在模拟监控后台上，人工取代状态量的位置变化，并置相应的品质位。

（6）通过模拟双位置信号输入生成相应断路器的状态（00、01、10、11），检查断路器的分相合、分位置和总合、总分位置状态（间隔测控具备此功能）。

3. 控制功能检测

具体检测方法如下：

（1）控制功能（GOOSE）检测拓扑图如图 6-4 所示。

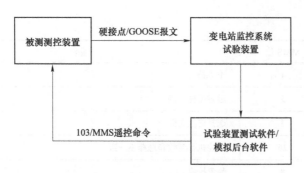

图 6-4 控制功能（GOOSE）检测拓扑图

（2）遥控检测：

1）用试验装置软件、模拟后台软件或装置面板上对控制对象发出遥控命令，检测装置接收、选择、返校、执行遥控命令的正确性。

2）在试验装置软件、模拟后台软件和装置面板上设置输出脉宽，并记录输出脉宽范围。检测遥控输出脉宽应与所设置的输出脉宽一致。

3）检查遥控输出部分原理图和线路板，遥控输出端口应为继电器触点输出。遥控回路应采用控制操作电源出口回路和出口节点回路两级开放式抗干扰回路。

（3）在试验装置软件、模拟后台软件或装置面板上对控制对象发出遥控命令，检测装置接收、选择、返校、执行遥控命令的正确性。

（4）在试验装置软件或模拟后台软件发出遥控命令，当返校失败时，装置应产生逻辑闭锁，此时投入解锁硬遥信，应可强制解锁。

（5）在装置面板上检查装置设置远方/就地控制方式功能，就地方式应支持强合、强分；检测装置的控制出口监视出口状态的正确性。装置设置远方/就地控制切换采用硬件（硬遥信）方式，不应通过软压板方式进行切换，不判断GOOSE上送的远方/就地信号。

（6）在试验装置软件或模拟监控后台发出遥控命令，当返校失败时，装置应产生逻辑闭锁，此时应可强制解锁。

（7）在试验装置软件或模拟监控后台发出遥控命令，检测软压板投/退正确性，软压板控制应采用选择、返校、执行方式，软压板应受到远方就地控制。

（8）在试验装置软件或模拟监控后台检查装置完成执行控制命令后，查看生成控制操作记录参照见表 6-3。

表 6-3　　　　　　　　　遥 控 操 作 记 录

序号	MMS 值	备注
1	0	未知

序号	MMS 值	备注
2	1	不支持
3	2	远方条件不满足
4	3	选择遥控失败
5	26	遥控执行参数和选择不一致
6	8	装置检修
7	10	互锁条件不满足
8	14	操作周期内多对象操作（一个客户端控制多个对象）
9	18	对象未被选择
10	19	操作周期内多对象操作（多个客户端同时控制一个对象）

（9）装置处于检修状态，在试验软件或模拟监控后台发出遥控命令，装置应闭装置遥控出口，响应就地控制命令，硬触点正常输出，GOOSE 报文输出应置检修位。

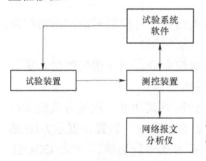

图 6-5　同期检测拓扑图

4. 同期功能检测

具体检测方法如下：

（1）同期检测拓扑图如图 6-5 所示。

（2）模拟量的同期检测方法如下：

1）检同期合闸：在测试仪上设置两路电压按一定的步长变化，频率按一定的步长变化，相角按一定的步长变化，当达到装置设定的动作电压、动作频率、动作角度时，装置应能实现检同期合闸。

2）检无压合闸：在测试仪上设置一路电压输出小于设定的额定值，另一路电压输出为额定值，检测装置应可合闸。

3）强合：在测试仪上设置两路电压值不满足同期条件，在试验装置或装置屏幕进行合闸操作，检测装置应可合闸。

（3）数字量的同期检测方法如下：

1）检查装置基于 DL/T 860 的同期模型，按照强制合闸检无压合闸、检同期合闸分别建立不同实例的 CSWI，不采用 CSWI 中 Check（检测参数）的 sync（同期标志）位区分同期合与强制合功能的正确性。

2）测试仪模拟 TV 断线状态，检查装置检测出的 TV 断线，以及发出相应

的告警信息，闭锁检同期和检无压合闸功能的正确性；测试仪加量使装置产生
TV 断线告警后，进行检同期、检无压合闸，验证是否闭锁同期合闸出口，并产
生 TV 断线闭锁同期信号（展宽 2s）。

3）在试验装置软件上或装置面板上检查装置同期条件信息返回功能的正确
性；用试验装置加状态序列，首先使满足定值条件进行同期遥控，验证同期是
否正确出口，并返回相关的同期合闸成功信息；然后加同期测量量使不满足定
值条件进行同期遥控，验证同期是否正确不出口，并返回相关的同期合闸不成
功信息。

4）在试验系统软件或装置面板上检查装置的手合同期功能；用试验装置
加状态序列，首先使满足定值条件进行手合同期测试，验证同期是否正确
出口，并返回相关的同期合闸成功信息；然后加同期测量量使不满足定值条
件进行同期遥控，验证同期是否正确不出口，并返回相关的同期合闸不成功
信息。

5）检查装置在 MU 同期通道采样值置检修位以及品质无效时装置闭锁同期
功能及返回信息的正确性；用测试仪模拟同期 MU 通道抽取侧、测量侧采样值
品质，分别模拟遥测的检修和无效品质；进行同期遥控，验证同期是否正确不
出口，并返回相关的同期合闸不成功信息。

6）通过网络报文记录分析仪检测装置断路器 GOOSE 出口动作的正确性。

5. 逻辑闭锁功能检测

（1）检测要求。装置逻辑闭锁功能应满足如下要求：

1）具备存储防误闭锁逻辑功能，该规则和站控层防误闭锁逻辑规则一致。

2）具备采集一次、二次设备状态信号、动作信号和测量量，并通过站控层
网络采用 GOOSE 服务发送和接收相关的联闭锁信号功能。

3）具备根据采集和通过网络接收的信号，进行防误闭锁逻辑判断功能，闭
锁信号由测控装置通过过程层 GOOSE 报文输出。

4）具备联锁、解锁切换功能，联锁、解锁切换采用硬件方式，不判断 GOOSE
发送的联锁、解锁信号。联锁状态下，装置进行的控制操作必须满足防误闭锁
条件。

5）间隔间传输的联闭锁 GOOSE 报文应带品质传输，联闭锁信息的品质统
一由接收端判断处理，品质无效时应判断逻辑校验不通过。

6）当间隔间由于网络中断、报文无效等原因不能有效获取相关信息时，应
判断逻辑校验不通过。

7）当其他间隔测控装置发送的联闭锁数据置检修状态且本装置未置检修状
态时，应判断逻辑校验不通过。本装置检修，无论其他间隔是否置检修均正常
参与逻辑计算。

8）具备显示和上送防误判断结果功能。

（2）检测方法。具体检测方法如下：

1）间隔间逻辑闭锁拓扑图如图6-6所示。

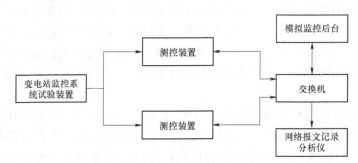

图6-6　间隔间逻辑闭锁拓扑图

2）逻辑闭锁检测：

a）间隔内闭锁逻辑：防止带负荷拉隔离开关的闭锁逻辑、防止带电挂接地线的闭锁逻辑、防止带接地线送电的闭锁逻辑、防止误入带电间隔的闭锁逻辑；模拟上述闭锁逻辑操作，在满足条件时和不满足条件时，检测装置动作的正确性，并应返回正确的告警信息。

b）间隔间逻辑闭锁：依据配置的逻辑闭锁关系（如使用其他间隔开关/隔离开关位置信息作为本间隔闭锁条件），通过改变其他间隔的状态信息、遥测量，影响本间隔闭锁条件，判断装置间隔间闭锁功能的正确性，通过网络报文记录分析仪检测是否有相应的闭锁信息上送。

3）通过变电站监控系统试验装置发送GOOSE报文，装置遵循闭锁逻辑产生闭锁信息，通过网络报文记录分析仪检测装置GOOSE/MMS网络传输逻辑闭锁信息功能的正确性；装置闭锁条件应包含状态量、测量量及品质信息。

4）模拟装置通信中断及装置处于检修态、停运时，检查装置的逻辑闭锁状态应为闭锁状态。

5）当装置处于闭锁状态时，检查装置应具有解锁功能。

三、装置性能检测

1. 测量量性能检测

（1）检测要求。装置测量量的性能应满足如下指标：

1）在额定频率时，电压、电流输入在0～1.2倍额定值范围内，电压、电流输入在额定范围内误差不应大于0.2%。

2）额定频率时，有功功率、无功功率误差不应大于0.5%。

3）在 45～55Hz 范围内，频率测量误差不大于 0.005Hz。

4）输入频率在 45～55Hz 时，电压电流有效值误差改变量应不不应大于额定频率时测量误差极限值的 100%。

5）叠加 20% 的 2～13 次数的谐波电压、电流，电压、电流有效值误差改变量不应大于额定频率时测量误差极限值的 200%。

6）装置直流信号采集误差不应大于 0.2%。

7）装置测量量时标准确度不应大于 ±10ms。

（2）检测方法。具体检测方法如下：

1）测试交流电压量、电流测量量的准确性：在额定频率时，将变电站监控系统试验装置的电压、电流输出调整为 0%、20%、40%、60%、80%、100%、120% 倍额定值时，检测装置上的电压、电流值，误差不应大于 0.2%；同时在功率因数 $\cos\phi = 0.5$（滞后）～1～0.5（超前）计算的有功功率，$\sin\phi = 0.5$（滞后）～1～0.5（超前）计算的无功功率测量误差不应大于 0.5%，如式（6−1）所示。

$$E_i = \frac{I_1 - I_2}{额定值} \times 100\% \qquad (6-1)$$

式中 E_i ——误差；

　　　I_1 ——试验装置施加量；

　　　I_2 ——装置返回值。

2）将标准三相交流信号源输出信号的频率调整为 45、47、50、53、55Hz 时，记录装置上的显示值，频率测量误差不大于 0.005Hz。

3）频率影响检测：将输入信号频率调整为 45、55Hz 时，检测装置的电压、电流、有功功率、无功功率的有效值误差改变量，不应大于额定频率时测量误差极限值的 100%。

4）谐波影响检测：用标准三相交流信号源输出在基波信号分别叠加 20% 的 2、3、8、13 次的谐波电压、电流，电压、电流、有功功率和无功功率的有效值误差改变量不应大于额定频率时测量误差极限值的 200%。

5）直流信号测量量准确性：装置的直流信号采集范围为：4～20mA，或 0～5V；将标准直流信号发生器的输出信号调整为 4、8、12、16、20mA，或 0、+1、+2、+3、+4、+5V 时，记录装置显示值，直流信号采集误差不应大于 0.2%；计算方法为式（6−1）。

6）装置测量量时标准确度不应大于 ±10ms，标定在测量量范围的中间时刻。

7）用试验装置上输出 50Hz 的正弦波，输出电压、额电流为额定值，持续时间 240ms，检测装置的遥测量准确性，误差不应大于 0.2%。

2. 状态量性能检测

（1）检测要求。装置状态量性能应满足如下指标：

1）遥信状态正确性检测。

2）遥信电压额定值为 DC110V 或 DC220V 时，施加开入电压为 70%额定值时，遥信状态为逻辑"1"；开入电压为 50%额定值时，遥信状态为逻辑"0"。

3）SOE 分辨率检测：SOE 分辨率不大于 1ms。

4）雪崩处理能力检测：当装置上全部的遥信同时动作，不误发、丢失遥信，SOE 记录正确。

5）单路遥信防抖时间可独立设置，步长 1ms，范围为 10～100ms，装置不出现漏报、误报。

6）当遥信变位时，优先传输。

（2）检测方法。具体检测方法如下：

1）遥信状态正确性检测：调整开入电压为 70%额定值时，检测遥信状态为逻辑"1"，开入电压为 50%额定值时，检测遥信状态为逻辑"0"。

2）SOE 分辨率检测：将试验装置的两路（或多路）信号输出端与装置的任意两路（或多路）遥信输入端（具有 SOE 功能）相连，设置两路（或多路）的时间延时为 1ms，启动信号发生器发出 SOE 信号，检测装置记录的遥信动作时间，是否正确分辨出遥信变位顺序；试验重复 5 次以上。

3）雪崩处理能力检测：同时改变装置上全部遥信输入端的状态，检查装置遥信状态的正确性，不应有误发、丢失遥信现象，SOE 记录应为同一时刻，时间误差应小于 1ms；试验重复 5 次以上。

4）单路遥信设置防抖时间，步长 1ms，范围为 10～100ms：设置防抖时间为 10、50、100ms，在装置的遥信输入端施加脉宽为 11、51、101ms 的脉冲信号，装置不应出现漏报；装置的遥信输入端施加脉宽为 9、49、99ms 的脉冲信号，装置不出现误报。

5）同时产生遥测越限和遥信变位，检查装置的传输数据，遥信变位优先于遥测数据传输。

3. 遥控性能检测

（1）检测要求。装置遥控性能应满足如下指标：

1）遥控动作正确率为 100%。

2）遥控执行命令从接收到遥控输出的时间不大于 1s。

3）遥控输出触点容量为 220VAC/DC，连续载流能力 5A。

（2）检测方法。具体检测方法如下：

1）遥控动作正确率检测：在试验装置上进行遥控操作，检查遥控过程中选择、返校、执行各步骤的正确性。上述过程重复 100 次，要求遥控动作正确率为 100%。

2）遥控执行时间检测：检测装置接收遥控执行命令到遥控动作输出的时间，该时间不大于 1s。

3）遥控输出触点容量：检查输出继电器触点容量，应为 220VAC/DC，连续载流能力为 5A。

4. 对时性能检测

（1）检测要求：装置对时误差应小于 1ms。

（2）检测方法：整点触发遥信，记录 SOE 时标。

第七章

测 控 装 置 验 收

变电站测控装置验收，宜与站控层其他部分（监控系统、远动系统、PMU 系统、GPS 系统等）关联进行。本章通过介绍测控装置在变电站安装调试过程中的独立验收内容以及测控信息联调验收要求，配合"测控装置更换验收指导卡"示例，梳理出测控装置验收的工作要点。

第一节 测 控 装 置 验 收

一、测控装置外观验收

（1）液晶屏上应能够显示本间隔的一次接线图及一次设备的实时状态。应具有软件版本号、校验码，并可直观查看。

（2）智能站测控装置应至少具备 2 个独立的 MMS 接口；有过程层网络时应具备 2 个独立的 GOOSE 接口、2 个独立的 SV 采样值接口、1 个本地调试接口；若采样值与 GOOSE 共网传输，则应至少具备 2 个独立的 GOOSE/SV 采样值接口。常规站测控装置应至少具有 2 个网口。

（3）应具备 IRIG-B 码对时功能，并被正确对时。

（4）应具备测控装置故障和测控装置告警信号输出触点。

二、测控装置功能验收

1. 电源

测控屏（柜）应具备 2 路直流电源，各测控装置的电源开关应采用直流空气开关。测控装置电源应与其遥信电源分开。拉合直流电源时，测控装置不应误输出。

2. 逻辑闭锁

应配置间隔内和跨间隔逻辑闭锁功能。各间隔逻辑闭锁状态应在监控主机画面上有显著的标识（注：视各地区要求）。

3. 管理功能

模拟装置异常、测控装置故障、过程层网络异常、对时异常等状态，检查监控主机应有相应的告警信息。操作记录、告警记录和 SOE 记录等信息在掉电后不应丢失。

4. 对时异常告警

在测控装置连续指定时间（可调）无法收到时间同步系统对时信号后能够向数据通信网关机发送一条"测控装置对时异常"信息，并上送调度主站。

三、测控功能验收

1. 遥测功能

（1）遥测量应具有品质标识。在额定频率时，检验电压、电流输入在 0～1.2 倍额定值，电压、电流输入在额定范围内误差应小于或等于 0.2%，功率测量误差应小于或等于 0.5%，直流信号采集误差应小于或等于 0.2%。

（2）遥测量具有超越定值（死区值）传输功能，电压、电流变化死区定值小于或等于 0.1%，功率变化死区定值小于或等于 0.1%。

2. 遥信功能

（1）事件顺序记录（SOE）分辨率应小于或等于 1ms。开关量输入的防抖时间应可整定，宜为 20ms。

（2）应具备接收 GOOSE 报文传输的状态量信息功能（智能站）。

（3）全站事故总合成信号、间隔事故总合成信号、断路器变位及 SOE、事故音响报警、事故推画面在监控主机正确反应；全站事故总合成信号、间隔事故总合成信号、断路器变位及 SOE 应正常上送调度。

3. 遥控功能

（1）应具备遥控开出功能。遥控出口应经过远方/就地切换把手和出口压板双重闭锁，具备遥控返回控制信息（操作记录或失败原因）功能。

（2）操作控制优先级顺序：设备层、间隔层、站控层及调度端。

（3）常规站应具备远方复归保护、测控告警信号功能。

（4）智能站应具有置检修状态功能（或压板）。

（5）投入装置检修状态（或压板）后，应闭锁监控主机遥控本间隔。

（6）应具备强制合闸、检无压合闸、检同期合闸三种方式，应按照"无压检无压，有压检同期"的原则设置同期合闸逻辑，支持同期条件信息返回功能。

（7）应具备 TV 断线告警并闭锁检同期和检无压合闸功能。

4. 遥调功能

有载调压变压器遥调测试，档位调节迅速、准确。

第二节　测控信息联调验收

一、遥测验收

1. 遥测验收的基本要求

（1）调控主站遥测验收前，应完成变电站测控装置的遥测精度验收。

（2）功率方向应以流出母线方向为正，流入母线方向为负；电容器、电抗器无功功率方向以发出无功功率为正，吸收无功功率为负。

（3）应根据电网及设备实际情况合理选择遥测数据的电流变比。

（4）遥测数据的零漂和变化阈值应在合理的范围内（一般不应超过 0.2%）。

（5）验收双方应互报显示的数据，确认误差是否在精度允许的范围内，并做好记录。记录内容应包括：站端传动人员姓名、主站传动人员姓名、遥测序号、遥测名称、验收时间以及验收过程中遇到的问题。待全部遥测数据验收完毕后，整理并妥善保存验收记录。

（6）不同画面的同一遥测数据，应同时变化且变化一致。

（7）调控主站的有功功率、无功功率、电压、电流等遥测数据总准确度不应低于 1.0 级，即实际运行数据至调控主站的总误差以引用误差表示的值不应大于 +1.0%，且不应小于 −1.0%。

（8）变电站遥测数据传送至调控主站时间应满足 DL/T 5003—2017《电力系统调度自动化设计技术规程》相关要求。

2. 遥测验收方法

（1）实负荷核对法。实负荷核对法是指调控主站和基准数据（已传动过的调控主站、变电站监控系统或测控装置）进行数据核对的验收方法。使用该方法时，同一量测点宜核对两组以上数据。

（2）虚负荷测试法。虚负荷测试法是指通过外加信号源的方式模拟产生电流、电压、温度等遥测信息。使用该方法时，同一量测点宜至少核对两组数据。

（3）测控装置模拟法。测控装置模拟法指对于具有模拟发出遥测数据功能的测控装置，在测控装置遥测数据验收合格的基础上，模拟发出遥测数据，再采用调控主站和变电站监控系统进行数据核对的方法进行传动验收。

（4）专用软件模拟法。专用软件模拟法指部分厂家的专用调试软件，具有遥测模拟的功能，可以在站内遥测数据验收合格的基础上，使用该专用调试软件替换测控装置输出遥测数据，再采用调控主站和变电站监控系统进行数据核对的方法进行传动验收。

（5）人工置数法。人工置数法指对于通过规约转换装置等非测控装置采集的遥测数据，在站内遥测数据验收合格的基础上，可采用在规约转换等装置上人工置数的方法进行模拟传动。

3. 遥测验收方法的选择

（1）根据现场设备的实际状态，综合考虑数据可靠性、安全风险和工作效率，选择合适的方式方法，对各个遥测量进行传动。

（2）对于运行中的一次设备，且其遥测数据实时变化的，应采用实负荷核对法进行传动验收。

（3）对于运行中的一次设备，且其遥测数据不变化的，若测控装置本身具备遥测模拟功能，可选用测控装置模拟法；若测控装置不具备遥测模拟功能的，可选用专用软件模拟法进行传动验收。

（4）对于运行中的一次设备，且通过串口或网络通信等报文方式采集的遥测数据（一体化电源、消弧线圈等），可选用人工置数法。

（5）对于运行中的一次设备，其测控装置不具备遥测模拟功能，且不具备专用遥测模拟软件的，在做好二次外部回路隔离措施的基础上，可使用虚负荷测试法进行传动验收。

（6）对于停电的一次设备，宜采用虚负荷测试法进行传动验收。

4. 遥测传动的安全措施

（1）遥测传动前，调控主站应做好运行设备遥测数据的隔离工作（实负荷核对法除外），防止遥测传动过程中干扰电网运行。

（2）使用虚负荷测试法传动遥测数据前，应将测控屏的外部二次回路进行完全隔离，防止试验二次电流、电压通过电流互感器、电压互感器给一次设备反充电。对于二次回路的隔离措施，应有书面记录，工作结束后，按照记录恢复成原有状态。

（3）遥测传动时，应防止电流互感器开路、电压互感器短路。

（4）传动过程中，重启远动装置应提前告知主站。对于远动装置冗余配置的，应避免发生多台装置同时重启而引起的通道中断等情况。

（5）对于采用专用软件模拟法进行遥测传动的，应做好安全防护工作。

二、遥信验收

1. 遥信验收基本要求

（1）每个遥信传动应包含"动作"和"复归"，或者"合"和"分"的完整过程。

（2）传动过程中，应避免对正常监控运行造成干扰。

（3）遥信防抖设置由变电站现场进行验收，调控主站应随机抽取部分信号对遥信防抖功能进行测试。

（4）变电站采用多条数据传输通道的，应对每条数据传输通道进行遥信传动验收或采取通道间的数据比对确认的措施。

（5）遥信验收时，验收人员应同步检查告警窗（直采、告警直传及 SOE）、接线图画面、光字牌画面，各相关画面的遥信应同时发生相应变化，同时还应检查音响效果是否正确。

（6）事故总合成信号应对全站所有间隔进行触发试验，保证任一间隔保护动作信号或开关位置不对应信号发出后，均能可靠触发事故总合成信号并传至调控主站，并且在保持一定时间后能够自动复归。其他合成信号应逐一验证所有合成条件均能可靠触发总信号并传至调控主站。

（7）遥信传动过程中，应有完整的传动记录。传动记录内容包括：站端传动人员姓名、主站传动人员姓名、遥信序号、遥信名称、验收时间以及传动过程中遇到的问题。待全部信号传动完毕后，整理并妥善保存传动记录。

（8）站内 SOE 分辨率不应大于 2ms，站间 SOE 分辨率不应大于 10ms。

（9）变电站遥信数据传送至调控主站时间应满足 DL/T 5003—2017《电力系统调度自动化设计规程》相关要求。

2. 遥信验收方法

（1）整组传动。整组传动指通过对现场设备进行实际操作的方式产生遥信信号，实现遥信信号全回路验证。

（2）测控装置模拟法。测控装置模拟法指对于具有模拟发出遥信状态功能的测控装置，在站内遥信状态验收合格的基础上，模拟发出遥信数据，再采用调控主站和变电站监控系统进行数据核对的方法进行传动验收。

（3）专用软件模拟法。专用软件模拟法指部分厂家的专用调试软件，具有遥信模拟的功能，可以在站内遥信状态验收合格的基础上，使用该专用调试软件输出遥信状态，再采用调控主站和变电站监控系统进行数据核对的方法进行传动验收。

（4）人工置位法。人工置位法指对于通过规约转换装置等非测控装置采集的遥信，在站内遥信状态验收合格的基础上，可采用在规约转换等装置上人工置数的方法进行模拟传动。

（5）端子排短接法。端子排短接法通过在测控装置或智能终端信号回路上拆接线或短接等方式模拟产生遥信信号，再采用调控主站和变电站监控系统进行数据核对的方法进行传动验收。

3. 遥信验收方法的选择

（1）根据现场设备的实际状态，综合考虑数据可靠性、安全风险和工作效率，选择合适的方式方法，对各个遥信状态进行传动。

（2）对于停电的一次设备，宜采用整组传动的方法进行传动验收。

（3）对于运行的一次设备，在站内遥信状态验收合格的基础上，若测控装置本身具备遥信模拟功能的，可采用测控装置模拟法；测控装置本身不具备遥信模拟功能的，可选用专用软件模拟法或端子排短接法进行遥信传动。

（4）对于运行中的一次设备，且通过串口或网络通信等报文方式采集的遥信（一体化电源、消弧线圈等），可选用人工置位法进行模拟传动。

4. 遥信传动的安全措施

（1）遥信传动前，调控主站应做好运行设备遥信数据的隔离工作，防止传动过程中干扰电网运行。

（2）使用端子排短接法传动遥信状态前，应对测控装置的二次回路采取防误碰措施。对于二次回路的隔离措施，应有书面记录，工作结束后，按照记录恢复成原有状态。

（3）传动过程中，重启远动装置应提前告知主站。对于远动装置冗余配置的，应避免发生多台装置同时重启而引起的通道中断等情况。

（4）对于采用专用软件模拟法进行遥信传动的，应做好安全防护工作。

三、遥控（调）验收

1. 遥控（调）验收基本要求

（1）遥控（调）验收包括开关设备遥控、重合闸、备自投装置远方投退软压板以及保护装置远方切换定值区的验收。

（2）遥控测试前，站内应做好必要的安全措施，待现场负责人许可后，方能进行传动测试，防止误控带电设备，进行双人双机监护操作。

（3）变电站采用多条数据传输通道的，应对每条数据传输通道分别进行遥控测试。

（4）停电条件下，每个开关遥控传动应包含"一合一分"的完整过程；遥控软压板传动应包含"一投一退"的完整过程；切换保护装置定值区传动每套保护装置应至少完成一次定值区切换操作。

（5）开关具备同期功能的，应进行同期遥控试验。试验时应对同期条件满足、不满足两种情况分别进行测试。

（6）遥控操作应遵循"遥控选择，遥控返校，遥控执行"的流程。

（7）调控主站在确认遥控的目标、性质和遥控结果一致后，进行书面记录，书面记录内容包括：站端传动人员姓名、主站传动人员姓名、遥控序号、遥控名称、验收时间以及验收过程中遇到的问题。待全部遥控传动完毕后，整理并妥善保存传动记录。

（8）变电站遥控（调）命令传送时间应满足 DL/T 5003—2017《电力系统调度自动化设计规程》相关要求。

2. 遥控（调）验收方法

（1）实际遥控法。实际遥控法由调控主站直接对变电站开关进行实际遥控的方法实现遥控功能的全回路验证；或者在继电保护和安全自动装置退出的条件下，由调控主站直接对继电保护和安全自动装置进行远方操作实现全回路验证。

（2）装置确认法。装置确认法对于可以显示或查阅遥控预置报文的测控装置，调控主站进行遥控选择，通过监视测控装置显示窗相应报告或查阅记录来确认遥控对象的正确性。

（3）装置替换法。装置替换法将待传动的测控装置从监控系统网络中退出，同时采用相同类型装置接入监控系统网络，由调控主站对替换测控装置进行遥控并确认遥控对象的正确性。替换装置所有软硬件配置应完全与待传动测控装置一致。

（4）报文解析比对法（与其他调控主站）。报文解析比对法以遥控验收合格的调控主站为标准，由待传动调控主站对测控装置进行遥控选择，通过报文解析软件对两个主站遥控选择报文（DL/T 634.5104《远动设备及系统　第 5-104 部分：传输规约　采用标准传输协议集的 IEC 60870-5-101 网络访问》、DL/T 634.5101《远动设备及系统　第 5101 部分：传输规约基本远动任务配套标准》等）进行解析比对并确认遥控对象正确性。

（5）报文解析比对法（与变电站监控系统）。报文解析比对法以遥控验收合格的变电站监控系统为标准，分别用变电站监控系统及调控主站对待测控装置进行遥控选择，通过专用报文解析软件（DL/T 667—1999《远动设备及系统　第 5 部分：传输规约　第 103 篇：继电保护设备信息接口配套标准》、MMS 等）对两次遥控预置命令进行解析比对并确认遥控传动正确性。

（6）遥控回路测量法。遥控回路测量法指断开测控装置控制回路后，由调控主站进行遥控执行，变电站侧试验人员测量遥控出口回路并确认遥控对象的正确性。

3. 遥控（调）验收方法的选择

（1）根据现场一次设备的运行情况，综合考虑数据可靠性、安全风险和工作效率，选择合适的方式方法，对各个遥控对象进行传动。必要时应结合停电进行传动。

（2）对于停电的及具备停电条件的一次设备，应采用实际遥控法进行遥控实传；对于安全自动装置及双重化配置的继电保护装置，在继电保护和安全自动装置退出的条件下，可采用实际遥控法进行继电保护及安全自动装置的遥控实传；对于单套配置的保护装置，应在一次设备停电的条件下进行遥控实传。

（3）对于不具备停电条件的一次设备，在站内遥控功能验收合格的基础上，若测控装置具备显示或查阅遥控预置报文的功能，优先选用装置确认法；若不具备，根据实际情况选择装置替换法、报文解析比对法或遥控回路测量法。

4. 遥控传动的安全措施

（1）遥控传动时，现场一次设备区应设置专门人员，对设备状态进行确认并提醒临近工作人员注意。现场和调控主站应保持通信正常，传动期间做好呼应。

（2）调控主站在进行遥控传动前应做好防止误控的安全措施（如将受控站列入调试区等）。

（3）对运行变电站的进行遥控传动时，站端应做好防误控措施，如退出全站遥控出口压板，测控屏远方/就地切换开关打到就地位置等。

（4）若采用遥控回路测量法，在工作前应做好安全措施（退出遥控出口压板、断开二次回路等），并做好详细记录。传动结束后，按照安全措施票逐项进行恢复，防止误接、漏接线。拆接、接线时应做好绝缘隔离措施，防止短路、接地或人身触电。

第三节　测控装置更换验收指导卡

测控装置更换验收指导卡（示例）见表 7-1。

表 7-1　　　　　　　　测控装置更换验收指导卡（示例）

工序	步骤	内容
一、工作前准备工作	组织现场勘察	（1）明确本次工作的工作地点：主要包括测控屏、远动屏、服务器屏、直流分电屏、对时屏、监控机等。 （2）勘察本次工作内容：一般需要明确测控装置更换方式（单装置或整屏更换；若单装置更换需确认屏内是否同时存在运行设备、屏内空间是否充足等），电源是否需要改造（屏内是否具备双路直流电源、电源端子是否位置充足，空气开关是否位置充足等），对时方式是否需要改造（GPS屏内是否还有空余对时端子）。 （3）制订工作计划：以更换单台测控为例，单装置更换新测控安装配线一般需要 6~8h，监控机、远动机调试一般需要 1 天，站内及调度四遥传动一般需要 1~2 天，应根据工期以及现场其他二次专业进度合理制订工作计划
	现场工器具准备	（1）主要工器具：专用调试笔记本（含网线、对应厂家设备调试工具）、万用表、绝缘改锥若干、网线钳、剥线钳、偏口钳等。 （2）辅料：网线、网线头、绝缘胶布、二次配线、屏内挡板等。 （3）安全防护用品：工作服、安全帽、绝缘鞋、绝缘垫、红幔布等
二、现场工作流程	履行安全手续	（1）到达现场后，应先开具工作票，办理线上工作票管理系统（OMS）工作票开工，并确认主站已做好措施。 （2）按公司、中心作业标准化要求做好安全交底，履行签名确认手续后方可开工

169

续表

工序	步骤	内容
二、现场工作流程	测控装置拆除、安装及二次线检查	（1）拆除前先记录旧测控装置的 IP 地址、遥信防抖时间、出口保持时间、死区定值、软压板投入状态（智能站）、同期定值等参数配置。 （2）若为整屏更换，则应先检查整屏外观，新屏放置应稳固到位，外观干净整洁，无明显色差、磕碰及变形。新装置安装稳固，按键灵敏；检查屏内所有的内部线和外部线，重点是设备电源及遥测回路二次线，确定屏内接线无虚接；装置上电前，应使用万用表通断挡，检查屏门、装置、电源接地良好；使用万用表通断挡检查端子排至空气开关上口、空气开关上口至空气开关下口、空气开关下口至测控装置的通断，确定装置的电源正负未接反或者接错；装置上电时，应先合上直流分电屏对应空气开关，用万用表的直流电压挡测量屏内电源端子排，确认极性正确；如外部电源无误，则一步步打开电源空气开关、装置电源，使测控装置上电。 （3）若为单装置更换。先用屏内挡板或红幔布对屏内运行设备及运行端子排进行遮盖，确保无裸露的运行设备；应使用绝缘胶布将屏内待更换测控的电源、遥测、J701 等可能带电或可能来电的二次线拆除，使用绝缘胶布缠紧；旧测控装置电源应从直流分电屏处断开，确认测控装置已完全断电后，做好二次线、网线标记，拆除旧测控装置及二次配线；安装新测控装置。 （4）根据测控装置内部配线图纸（白图）检查装置二次接线，重点检查装置直流电源回路、遥测（电压、电流）回路的正确性。 （5）根据测控屏信号图（蓝图）检查外部回路接线是否正确，确认有无遗漏
	测控装置调试	（1）设置测控装置 IP，死区值（电压、电流不大于 0.1%，有功功率、无功功率不大于 0.1%），遥信防抖时间（20ms）、出口保持时间（200ms）、软压板投入状态（智能站）、同期定值（压差 3V、角差 15°、频差 0.1Hz）等。 （2）检查测控装置对时状态，修改测控装置时间，时间应能立即恢复正确。 （3）检查监控机中新测控装置通信状态，ping 新测控 A、B 网 IP 看是否正常，检查有无异常信号上送
	监控系统配置	（1）工作前，对监控系统进行数据备份，并按日期标注好备份名称。 （2）根据测控屏图纸（蓝图）的信号回路、遥测回路、遥控回路对监控系统后台数据库进行信号、遥测、遥控数据修改。 （3）打开图形编辑，对对应的间隔（涉及间隔开关、隔离开关的所有分图）图形进行接线图画面关联检查、光字牌信号检查。 （4）同步刷新后检查另外一台监控系统数据库、画面信息同步成功
	站内遥信核对	（1）检查图纸通信与监控系统数据库及光字牌信号一致。 （2）检查测控装置遥信防抖时间是否为 20ms。 （3）现场保护、开关、自动化等专业进行一次、二次设备信号的实际动作核对工作。 （4）在监控系统查看遥信信号的 COS 报文和 SOE 报文一一对应。 （5）监控系统显示的 COS 报文和 SOE 报文时间（时标）差小于 2s
	站内遥测核对	（1）确认调度自动化已对相关间隔进行数据封锁。 （2）断开电压回路：从电压引入端断开电压连片连接（若断开屏内电压空气开关，注意同期电压是否带电）。 （3）用万用表检查电压回路确无电压。 （4）断开遥测电流回路：从电流引入端封好回路（若需进行电流回路封锁，需保护专业配合进行，确无电流后进行加量）。 （5）断开电流连接片，卡钳表检查电流回路确无电流。 （6）再次核对测控装置遥测死区值符合要求（变化死区 0.1%，零值死区 0.1%）。 （7）架设加量试验台（试验台专用接地线接地；试验台电源应从具备漏电保护开关的试验屏电源上取电；试验台三相电压及同期电压按相序连接，电流按相序及极性连接，并注意电流的进出方向）。

续表

工序	步骤	内容
二、现场工作流程	站内遥测核对	（8）试验台与测控装置连接［电压连接于电压端子内侧（U_A、U_B、U_C、U_N、U_x）；电流连接于电流端子内侧（I_a、I_b、I_c）］。 （9）试验台装置对测控装置加量（试验台通电前再次检查接线是否正确）。 （10）参照遥测核对表对测控装置进行加量试验： 1）第一组：电压 U_A=10V，0°；U_b=20V，−120°；U_c=30V，120°；U_x=20V，−120°；电流 I_a=0.1A，0°，I_b=0.2，−120°；I_c=0.3V，120°；计算出有功功率 P=14W，无功功率 Q=0var。 2）第二组：电压 U_A=10V，0°；U_b=20V，−120°；U_c=30V，120°；U_x=20V，−120°；电流 I_a=0.1A，45°，I_b=0.2，−75°；I_c=0.3V，165°；计算出有功功率 P=9.9W，无功功率 Q=−9.9var。 （11）对两组遥测加量的数据进行测控装置显示、监控后台显示记录。 （12）核准遥测核对表数值与试验台、测控一致；核准通过系数转换与后台显示的数值一致
	远动系统	（1）工作前，对远动系统数据库进行备份，并按日期标注好备份名称。 （2）根据审核完的 D5000 定制单内容要求，对远动系统遥信、遥测、遥控转发表进行修改。 （3）检查数据网一、二平面通道转发表内容均修改成功。 （4）重启远动前联系省调、地调和国调分中心自动化值班员，得到许可答复后进行远动重启工作。 （5）远动重启按照省调/地调自动化值班员要求，先重启一台远动，与主站确定运行正常后再重启另一台。严禁不经调度许可自行重启远动，严禁同时重启两台远动
	主站遥信传动工作	（1）联系省调、地调自动化核实主站系统遥信信号是否已完成。 （2）根据遥信定值单再次检查远动遥信信号的正确性。 （3）核实集控站是否具备遥信传动核对工作。 （4）按照遥信定制单遥信顺序，进行遥信信号逐一核对无遗漏，并做好记录。 （5）确认主站收到的 SOE 报文和 COS 报文时间差不大于 3s。 （6）遥信传动结束后再次与值班员确认是否还有遗留问题。 （7）涉及国调、分中心遥信核对工作。 （8）与国调、分中心自动化值班员进行遥信（开关、隔离开关）信号的核对工作。 （9）根据不同间隔进行偷跳或者跳合跳（主变压器间隔断路器不具备）试验。需保护专业在保护装置加量模拟保护跳闸跳开断路器，与国调、分中心自动化值班员核对跳闸信号信息以及事故总信号（包括 SOE 时间）正确性。全站事故总信号 5s 自动复归情况。 （10）遥信信号 128 无效质量位上送试验。通过拔出测控装置 A、B 网网线，测试上送国调、分中心遥信信号在 30s 后的遥信信号带 128 无效质量位
	主站遥测核对工作	（1）与省调、地调遥测核对工作。按照站内遥测核对第 10 条进行加量核对，确保试验台、测控、后台以及主站遥测值一致（大小、正负等）。 （2）与国调、分中心遥测核对工作。按照国调、分中心要求依次进行额定电压下有功功率 P 和无功功率 Q 的正负越限试验，确保主站越限数据大小不变，数据无效
	站内遥控传动工作	（1）工作前必须核对间隔开关双重名称后再进行相关工作。 （2）核对监控系统数据库和画面的关联，确保间隔信息和一次、二次设备一致。 （3）测控装置就地操作，"同期/非同期"压板打至"非同期"位置。 1）将测控装置的远方/就地把手（压板）打在"远方"位置，出口压板"投入"，手合开关失败。

续表

工序	步骤	内容
二、现场工作流程	站内遥控传动工作	2）将测控装置的远方/就地把手（压板）打在"就地"位置，出口压板"退出"，手合开关失败。 3）将测控装置的远方/就地把手（压板）打在"就地"位置，出口压板"投入"，手合开关成功。 （4）测控装置同期功能验证，"同期/非同期"压板打至"同期"。 1）进行实验仪器加同期量测试，参照同期定值表（压差 3V、角差 15°、频差 0.1Hz）要求，分别测试角差、压差、频差边界同期手合试验。 2）确保任意一项不满足参数要求，同期合闸不成功，同时检查测控装置报文核对。 （5）站内监控机遥控功能验证及开关遥控操作。 1）开关遥控前必须确认所遥控开关双重名称后再进行遥控，站内其他间隔的"远方/就地"把手切至"就地"位置，防止误遥控运行开关。 2）退出变电站自动电压控制（automatic voltage control，AVC）系统。 3）将测控装置的远方/就地把手（压板）打在"就地"位置，出口压板"投入"，遥控开关失败。 4）将测控装置的远方/就地把手（压板）打在"远方"位置，出口压板"退出"，遥控开关失败。 5）将测控装置的远方/就地把手（压板）打在"远方"位置，出口压板"投入"，遥控开关成功。 6）验证"五防逻辑"功能正确性。在不开五防操作票的情况下，监控后台要求五防逻辑闭锁；开具操作票后，五防解锁成功
	主站遥控传动	（1）调度遥控实传前，应先对远动中配置的所有遥控定值与定值单进行核对，再和调度部门核对远动点表遥控点号，保证遥控点号完全一致。 （2）与省调、地调自动化联系核对遥控点号并进行双平面开关分合预置，预置正确后方可实际遥控开关。 （3）由运维人员联系集控站监控人员进行开关遥控操作。 （4）开关遥控执行先由"分"到"合"，再由"合"到"分"。 （5）传动时一次现场应有专门人员观察开关是否操作到位。 （6）传动工作中做好遥控传动记录
三、验收核实工作	站内核对工作	（1）检查运动机、监控机是否存在异常。 （2）对远动机、监控机进行数据备份，并按时间注明标题
	主站核对工作	（1）与各级调度主站自动化值班员核对遥测核对工作是否有遗留问题。 （2）与各级调度主站监控员核对遥信传动和遥控实传工作是否有遗留问题。 （3）与各级调度业务系统值班员确认业务系统、通道运行是否正常。 （4）与各级调度网络安全管理核实有无网络安全异常告警，告警是否已经消除
	工作票结票	（1）上述均确认无疑问后，办理 OMS 票竣工手续。 （2）上述均确认无疑问后，办理 PMS 工作票竣工手续